水电水利规划设计总院
China Renewable Energy Engineering Institute

中国可再生能源发展报告

CHINA RENEWABLE ENERGY
DEVELOPMENT REPORT **2020**

水电水利规划设计总院　编

中国水利水电出版社
www.waterpub.com.cn
·北京·

图书在版编目（ＣＩＰ）数据

中国可再生能源发展报告. 2020 / 水电水利规划设
计总院编. -- 北京 : 中国水利水电出版社, 2021.6
ISBN 978-7-5170-9698-6

Ⅰ. ①中… Ⅱ. ①水… Ⅲ. ①再生能源－能源发展－
研究报告－中国－2020 Ⅳ. ①F426.2

中国版本图书馆CIP数据核字(2021)第125304号

审图号： GS（2021）4294 号

书　　名	**中国可再生能源发展报告 2020** ZHONGGUO KEZAISHENG NENGYUAN FAZHAN BAOGAO 2020	
作　　者	水电水利规划设计总院　编	
出版发行	中国水利水电出版社 （北京市海淀区玉渊潭南路 1 号 D 座　100038） 网址：www.waterpub.com.cn E - mail：sales@waterpub.com.cn 电话：（010）68367658（营销中心）	
经　　售	北京科水图书销售中心（零售） 电话：（010）88383994、63202643、68545874 全国各地新华书店和相关出版物销售网点	
排　　版	中国水利水电出版社微机排版中心	
印　　刷	天津嘉恒印务有限公司	
规　　格	210mm×285mm　16 开本　9 印张　217 千字	
版　　次	2021 年 6 月第 1 版　2021 年 6 月第 1 次印刷	
定　　价	**298.00 元**	

凡购买我社图书，如有缺页、倒页、脱页的，本社营销中心负责调换

编 委 会

前言

能源是人类文明发展的动力。 从刀耕火种到人工智能，从薪柴、煤炭、油气到可再生能源，能源变革史与人类文明发展史密切相关。 随着人类文明迈向生态文明发展阶段，推动化石能源体系向绿色低碳能源体系转变的全球能源变革趋势已经明确，大力发展可再生能源已经成为国际社会的普遍共识和一致行动。

2020 年是中国"十三五"收官之年，是全面建成小康社会的决胜之年，是应对突如其来的新冠肺炎疫情艰苦卓绝的一年。 一年来，在党中央坚强领导下，在"碳达峰、碳中和"目标的激励下，可再生能源行业在攻坚克难中奋发有为，续写壮丽新篇章。 可再生能源装机规模持续增长，2020 年中国新增可再生能源发电装机容量 1.39 亿 kW，特别是风电、光伏发电新增装机容量 1.2 亿 kW，创历史新高；利用水平持续提升，2020 年可再生能源发电量超过 2.2 万亿 kW·h，占全部发电量比例接近 30%，全年水电、风电、光伏发电利用率分别达到 97%、97% 和 98%；产业优势持续增强，水电产业是世界水电建设的中坚力量，风电、光伏发电基本形成全球最具竞争力的产业体系和产品服务；减污降碳成效显著，2020 年中国可再生能源利用规模达到 6.8 亿 t 标准煤，相当于替代煤炭近 10 亿 t，减少二氧化碳、二氧化硫和氮氧化物排放量分别约 17.9 亿 t、86.4 万 t 和 79.8 万 t，为生态文明建设夯实基础根基；惠民利民成果丰硕，作为"精准扶贫十大工程"之一的光伏扶贫成效显著，水电在促进地方经济发展、移民脱贫致富和改善地区基础设施方面持续贡献，可再生能源供暖助力北方地区清洁供暖落地实施。

回顾 2020 年，一方面，中国可再生能源发展逆疫情而上，体现了强大的韧性，实现了"十三五"圆满收官，为"十四五"开好局、起好步奠定了坚实基础；另一方面，中国在联合国大会和气候雄心峰会上庄严宣布，二氧化碳排放力争于 2030 年前达到峰值，努力争取 2060 年前实现碳中和，到 2030 年非化石能源占一次能源消费比重将达到 25％左右，风电、太阳能发电总装机容量将达到 12 亿 kW 以上，为中国可再生能源发展指明了前进方向、明确了目标任务、提出了新的要求。 展望"十四五"及今后一段时期，中国可再生能源将以更大规模、更高比例发展，步入高质量跃升发展新阶段，进入大规模、高比例、低成本、市场化发展新时代。

2021 年是中国共产党成立 100 周年，是"十四五"规划开局之年，是全面建成小康社会、开启全面建设社会主义现代化国家新征程的关键之年，也是中国应对气候变化新征程全面启航之年。 在"碳达峰、碳中和"的大背景下，在构建以新能源为主体的新型电力系统的转型导向下，中国可再生能源将把握千载难逢的发展机遇，迎击艰巨繁重的任务挑战，再上高质量发展新台阶！

《中国可再生能源发展报告 2020》是水电水利规划设计总院编写的第五个年度发展报告，报告坚持深入贯彻"四个革命、一个合作"，落实能源安全新战略，立足于"碳达峰、碳中和"工作的新形势和新要求，对中国可再生能源发展状况进行系统梳理分析和综合归纳，努力做到凝聚焦点、突出重点。 本年度发展报告编写过程中，得到了能源主管部门、相关企业、有关机构的大力支持和指导，在此谨致衷心感谢！

水电水利规划设计总院

二〇二一年·六月　北京

目录
Contents

1

发展综述

1.1
发展形势

新冠肺炎疫情下 2020 年全球可再生能源逆势增长

2020 年新冠肺炎疫情肆虐全球,世界各国均采取了不同程度的疫情防控措施,全球能源系统面临 70 年来最大冲击。 根据国际可再生能源署相关成果,2020 年全球能源需求和投资下降,但可再生能源逆势增长,累计发电装机容量 279909 万 kW,较 2019 年增长 26065 万 kW,再创历史新高。 其中,全球水电(不含抽水蓄能)装机容量 121062 万 kW,较 2019 年增长 2014 万 kW,新增装机主要分布在亚洲地区,达 1456 万 kW,占全球总新增装机容量的 72.3%;光伏发电装机容量 70750 万 kW,较 2019 年增长 12674 万 kW,继续保持全球可再生能源装机增长主力地位,其中亚洲(7773 万 kW)是新增装机最多的地区,欧洲(2083 万 kW)和北美(1611 万 kW)分别位居第二、第三位;风电装机容量 73328 万 kW,较 2019 年增长 11103 万 kW,其中陆上风电新增装机容量 10502 万 kW,海上风电新增装机容量 601 万 kW,亚洲风电发展速度领跑全球,新增装机容量约 7457 万 kW,北美(1587 万 kW)和欧洲(1144 万 kW)分别位居第二、第三位。 近 5 年全球主要可再生能源累计装机容量如图 1.1 所示,2020 年全球各品种可再生能源累计装机容量及占比如图 1.2 所示。

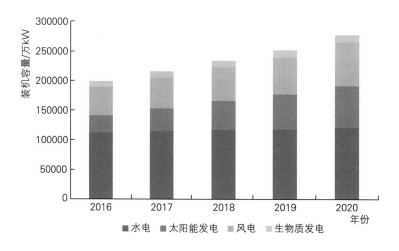

图 1.1 近 5 年全球主要可再生能源累计装机容量

"碳达峰、碳中和"对中国可再生能源发展提出新要求

2020 年 9 月以来,中国明确提出二氧化碳排放力争于 2030 年前达到峰值,努力争取 2060 年前实现碳中和;到 2030 年非化石能源占一次能源消费比重将达到 25% 左右,风电、太阳能发电总装机容量将达到 12 亿 kW 以上。 中国可再生能源发展将进入大规模、高比例、市场化阶 段,既大

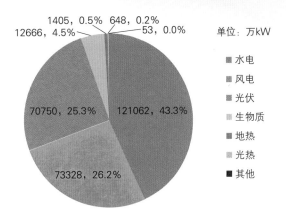

图 1.2 2020 年全球各品种可再生能源累计装机容量及占比

规模开发，也高水平消纳，更保障电力稳定可靠供应。 中国可再生能源将进一步引领能源生产和消费革命的主流方向，发挥能源清洁低碳转型的主导作用，为实现"碳达峰、碳中和"目标提供主力支撑。

可再生能源加速成为中国新增主力能源

截至 2020 年年底，中国可再生能源累计装机容量约占全球可再生能源总装机规模的 1/3，风电、光伏新增装机约占全球风电、光伏新增装机容量的一半以上，成为世界可再生能源发展的中坚力量。 中国可再生能源的大规模发展，有力促进了以风电、光伏发电等为主的能源科技快速进步，成本快速下降，经济性快速提升，竞争力快速提高，可再生能源快速成为中国新增主力能源，并带动国际可再生能源产业蓬勃发展，为全球能源转型、应对气候变化作出中国贡献。

2020 年，在统筹疫情防控和经济社会发展的决策部署下，中国以壮大清洁能源产业为重点，着力发挥市场优势和内需潜力，结合构建国内国际双循环，不断优化可再生能源产业发展布局。 2020 年年底，中国水电、风电、太阳能、生物质发电等能源种类累计装机规模继续稳居世界首位，能源结构占比不断提升，促进能源清洁低碳化发展。

发电装机容量较快增长

截至 2020 年年底，中国全口径发电总装机容量 220058 万 kW，同比增长 9.5%，其中火电装机容量 121565 万 kW，核电装机容量 4989 万 kW，可再生能源发电装机容量 93464 万 kW。 2020 年可再生能源装机容量占全部发电装机容量的 42.5%，同比增长约 17.5%，相较 2019 年增速 8.7%，提高较快。

1.2 2020 年发展综述

截至 2020 年年底，中国可再生能源发电装机容量

93464 万 kW

占全部发电装机容量的

42.5%

可再生能源发电装机中，水电装机容量 37016 万 kW（含抽水蓄能装机容量 3149 万 kW），占全部发电装机容量的 16.8%；风电装机容量 28153 万 kW，占全部发电装机容量的 12.8%；太阳能发电装机容量 25343 万 kW，占全部发电装机容量的 11.5%；生物质发电装机容量 2952 万 kW，占全部发电装机容量的 1.4%。2020 年与 2019 年各类电源装机容量对比见表 1.1，2016—2020 年可再生能源装机容量及增长率变化对比如图 1.3 所示，2020 年各类电源装机容量及占比如图 1.4 所示。

表 1.1	2020 年与 2019 年各类电源装机容量对比		增减比例 /%
电源类型	装机容量/万 kW		
	2020 年	2019 年	
总装机容量	220058	201006	9.5
可再生能源发电	93464	79528	17.5
水电	37016	35640	3.9
其中：抽水蓄能	3149	3029	4.0
风电	28153	21005	34.0
太阳能发电	25343	20474	23.8
其中：光伏发电	25289	20430	23.8
光热发电	54	44	22.7
生物质发电	2952	2409	22.5
核电	4989	4874	2.4
火电	121565	116588	4.3

注 表中核电和火电装机容量数据引自中国电力企业联合会发布的中国电力行业年度发展报告。本报告中火电装机容量均不含生物质发电装机容量。

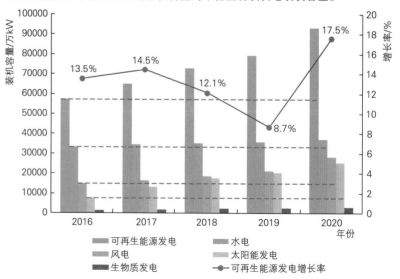

图 1.3 2016—2020 年可再生能源装机容量及增长率变化对比

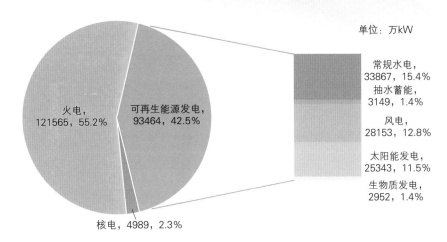

图 1.4　2020 年各类电源装机容量及占比

发电量平稳增长

2020 年，中国可再生能源发电量

22154 亿 kW·h

占全部发电量的

29.1%

2020 年，中国全口径总发电量为 76236 亿 kW·h，同比增长 4.0%，其中火电发电量 50417 亿 kW·h，核电发电量 3662 亿 kW·h，可再生能源发电量 22154 亿 kW·h。2020 年可再生能源发电量占全部发电量的 29.1%，同比增长约 8.4%。

可再生能源发电量中，水电发电量 13552 亿 kW·h，占全部发电量的 17.8%；风电发电量 4665 亿 kW·h，占全部发电量的 6.1%；太阳能发电量 2611 亿 kW·h，占全部发电量的 3.4%；生物质发电量 1326 亿 kW·h，占全部发电量的 1.8%。2020 年与 2019 年各类电源发电量见表 1.2，2016—2020 年可再生能源年发电量及增长率变化对比如图 1.5 所示，2020 年各类电源年发电量及占比如图 1.6 所示。

表 1.2	2020 年与 2019 年各类电源发电量一览表		
电源类型	发电量/(亿 kW·h)		增减比例 /%
	2020 年	2019 年	
总发电量	76236	73271	4.0
可再生能源发电	22154	20430	8.4
水电	13552	13019	4.1
风电	4665	4057	15.0
太阳能发电	2611	2243	16.4
生物质发电	1326	1111	19.4
核电	3662	3487	5.0
火电	50417	49354	2.2

注　表中核电和火电发电量数据引自中国电力企业联合会发布的中国电力行业年度发展报告。本报告中火电发电量均不含生物质发电量。

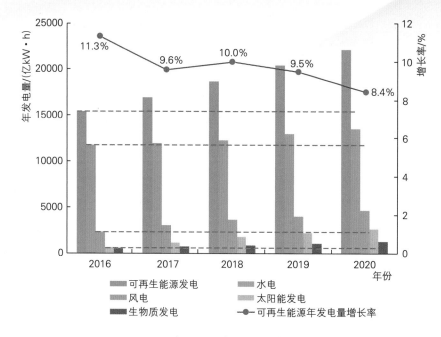

图 1.5　2016—2020 年可再生能源年发电量及增长率变化对比

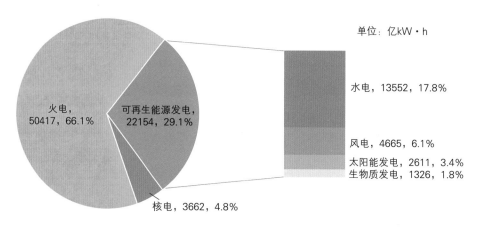

图 1.6　2020 年各类电源年发电量及占比

2020 年风电、太阳能发电和生物质发电等非水可再生能源发电量 8602 亿 kW·h，在全国可再生能源发电量中占比 38.8%。

地热能等其他可再生能源小幅增长

中国地热能、海洋能等其他可再生能源开发利用规模小幅增长。2020 年，地热能开发以直接利用为主，浅层地热供暖（制冷）建筑面积累计约 8.58 亿 m²，同比增长约 2%，北方地区中深层地热供暖面积累计约 1.52 亿 m²，浅层、中深层规模均位居世界第一。截至 2020 年年底，地热发电装机容量 4.638 万 kW。海洋能处于探索起步阶段，总装机容量为 7.59MW，其中潮汐能电站总装机容量 4.35MW，潮流能电站总装机容量 2.98MW，波浪能电站总装机容量 0.26MW。

1.3
"十三五"发展综述

"十三五"以来，中国顺应全球能源转型发展趋势，贯彻能源安全战略思想和五大发展理念，坚持清洁低碳、安全高效的发展方针，抓住转型发展的重要机遇期。围绕壮大清洁能源产业和高质量发展这两条主线，可再生能源领域取得举世瞩目的新成就，实现历史性的新跨越。中国可再生能源进入高质量发展的新阶段，已成为能源转型、低碳发展的重要组成部分。

主要规划目标顺利完成

对照《可再生能源发展"十三五"规划》主要目标，截至 2020 年年底，中国可再生能源发电装机容量累计约 9.35 亿 kW，达到规划目标的 138.5%；可再生能源发电量累计约 2.22 万亿 kW·h，达到规划目标的 116.8%；可再生能源发电量占全部发电量的 29.1%，达到规划目标的 107.8%；全部可再生能源年利用量累计约 7.53 亿 t 标准煤，其中，包含发电、生物天然气和燃料在内的商品化可再生能源利用量约 6.18 亿 t 标准煤，分别达到规划目标的 103.3% 和 106.9%。

到"十三五"末，《可再生能源发展"十三五"规划》目标完成情况良好。"十三五"末可再生能源发电装机容量、发电量实际完成情况与规划目标对比如图 1.7 所示。

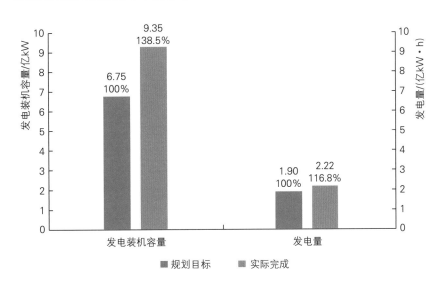

图 1.7 "十三五"末可再生能源发电装机容量、发电量
实际完成情况与规划目标对比

新增电力不断向低碳、清洁方向转变。2020 年，在可再生能源装机高增速带动下，中国电源新增发电装机容量 19052 万 kW。其中，风电、太阳能发电新增装机合计 12017 万 kW，占 2020 年新增发电装机总

容量的 63.1%，连续四年成为新增发电装机的主体。"十三五"期初、期末新增发电装机结构对比如图 1.8 所示。

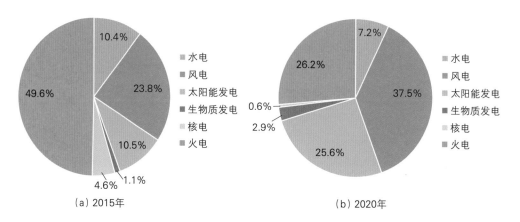

(a) 2015年　　　　　　　　　　　(b) 2020年

图 1.8 "十三五"期初、期末新增发电装机结构对比

可再生能源利用率逐步提高。 2020 年，中国水电、风电和太阳能发电平均利用率分别达到 96.6%、97.0% 和 98.0%，相比"十三五"初期大幅提高，弃风率、弃光率、弃水率逐年显著下降（见图 1.9），基本解决水电弃水问题，《清洁能源消纳行动计划（2018—2020 年）》提出的全国及重点省份 2020 年新能源利用率目标全面完成。

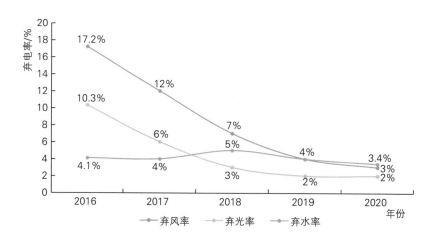

图 1.9 "十三五"期间中国弃风率、弃光率、弃水率

可再生能源实现较快增长

可再生能源装机规模持续扩大，产业布局不断优化；发电量稳步增长，利用水平持续提高。"十三五"期间，中国可再生能源发电装机容量从 50202 万 kW 增长到 93464 万 kW，年均增长 13.2%；可再生能源发电量从 13800 亿 kW·h 增长到 22154 亿 kW·h，年均增长 9.9%。"十三五"期间中国可再生能源年发电装机容量及占比、年发电量及占比分别

如图 1.10、图 1.11 所示。 其中,太阳能发电装机容量、发电量增长较快,分别年平均增长 42.5%、46.1%,均比全球平均水平高出 22 个百分点以上。 水电、风电、光伏、生物质发电规模多年来稳居世界首位,成为中国推动能源转型、参与全球能源治理的一张靓丽名片。

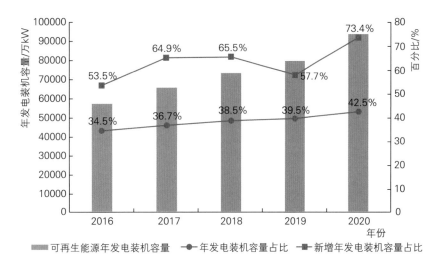

图 1.10 "十三五"期间中国可再生能源年发电装机容量及占比

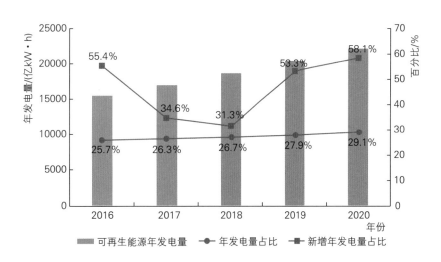

图 1.11 "十三五"期间中国可再生能源年发电量及占比

常规水电稳步增长,成为可再生能源发展的基石。"十三五"末,中国水电装机容量 33867 万 kW,接近 34000 万 kW 的"十三五"目标。"十三五"期间中国水电年装机容量及增长率、年发电量及增长率如图 1.12、图 1.13 所示。 五年来,以金沙江白鹤滩水电站工程开工建设为标志,中国水电建设能力迈上新台阶,水电建设已经由规模化开发转向智慧化、数字化、高质量发展。 水电布局优化加快推进,外送通道建设大规模开展,技术装备水平稳步提升,全产业链"出海"加快,发展步伐稳中有进。

图 1.12 "十三五"期间中国水电年装机容量及增长率

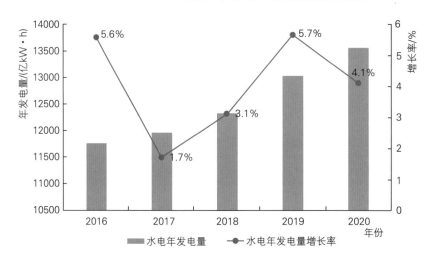

图 1.13 "十三五"期间中国水电年发电量及增长率

金沙江乌东德水电站是党的十八大以来中国开工建设的首个千万千瓦级世界级大型水电工程（见图 1.14）。 2020 年 6 月 29 日，乌东德水电站首批机组投产发电，党中央作出重要指示，希望将乌东德水电站打造成精

图 1.14 金沙江乌东德水电站工程

品工程，科学有序推进金沙江水能资源开发，更好造福人民。 这充分体现出党和政府对中国水电行业发展的高度重视和殷切期望。

抽水蓄能电站目标完成滞后，开发成本整体平稳。"十三五"期间，中国新开工抽水蓄能电站装机容量 3613 万 kW，完成规划目标的 60.2%，新增开工规模与规划目标差距较大；投产抽水蓄能电站装机容量 3149 万 kW，完成"十三五"规划目标的 78.7%，目标完成情况滞后。 抽水蓄能电站开发成本整体平稳，建设投资水平随物价波动及电站个体差异呈小幅波动趋势。 得益于机电设备技术的成熟，国产化、市场化程度的提高，近年来设备及安装工程投资基本平稳，单位千瓦总投资平均值约为 6300 元/kW。

风电持续较快增长。风电行业通过技术进步、产业升级、成本降低，支持和促进风电大规模发展。 2020 年年底，中国风电累计装机容量达到 28153 万 kW，较好完成了"十三五"规划目标。"十三五"期间中国风电年装机容量及增长率、年发电量及增长率分别如图 1.15、图 1.16 所示。 海上风电发展势头强劲，截至 2020 年年底，海上风电累计并网容量 899 万 kW，顺利完成"十三五"规划目标。

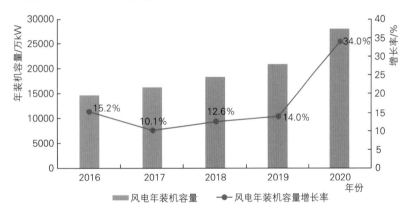

图 1.15 "十三五"期间中国风电年装机容量及增长率

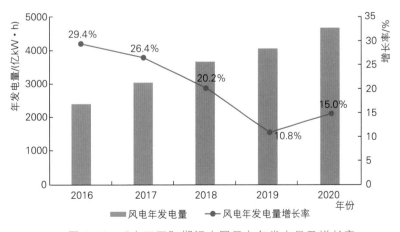

图 1.16 "十三五"期间中国风电年发电量及增长率

光伏产业领跑全球，经济性不断提升。截至 2020 年年底，中国太阳能发电装机容量达到 25343 万 kW，新增装机容量连续 8 年保持世界第一。"十三五"期间中国太阳能发电年装机容量及增长率、太阳能光伏年发电量及增长率分别如图 1.17、图 1.18 所示。 中国光伏发电产业链体系日趋完善，已建立从上游高纯晶硅生产、中游高效太阳能电池片生产，到终端光伏电站建设与运营的垂直一体化体系，形成了完整的拥有自主知识产权的光伏产业链条，2020 年中国多晶硅、硅片、电池片和组件的产能在全球占比分别达到 69.0%、93.7%、77.7% 和 69.2%。 光伏发电企业不断加强系统优化和成本控制，有效降低工程造价，经济性不断提升，集中式光伏电站 2020 年基本实现平价上网。

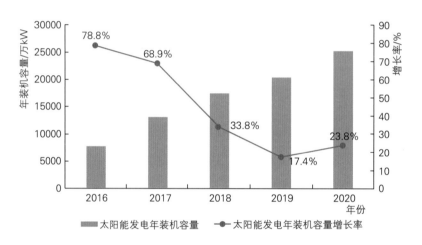

图 1.17 "十三五"期间中国太阳能发电年装机容量及增长率

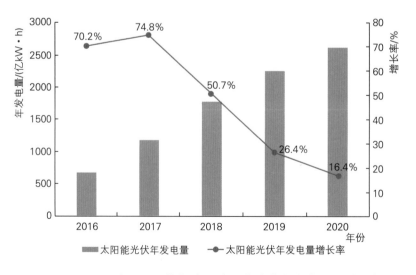

图 1.18 "十三五"期间中国太阳能光伏年发电量及增长率

生物质发电平稳增长，非电利用发展取得积极成果。生物质产业总体呈现良好发展势头，产业规模进一步扩大。截至 2020 年年底，中国生物质发电累计装机容量 2952 万 kW，"十三五"期间年平均增长率 18.2%，生物质发电保持较快增长，生物天然气进入起步阶段，生物质锅炉供热逐步迈向规模化发展，生物质液体燃料处于产业化发展初期。截至 2020 年年底，生物质能年利用量约 5930 万 t 标准煤，其中，生物质发电年利用量约 4545 万 t 标准煤，生物质固体燃料年利用量约 1000 万 t 标准煤、生物质液体燃料年利用量约 366 万 t 标准煤，生物天然气年利用量约 19 万 t 标准煤。"十三五"期间中国生物质发电年装机容量及增长率、年发电量及增长率分别如图 1.19、图 1.20 所示。

图 1.19 "十三五"期间中国生物质发电年装机容量及增长率

图 1.20 "十三五"期间中国生物质年发电量及增长率

地热能开发利用缓慢增长，海洋能示范工程陆续启动。中国地热直接利用居全球之首，地热产业体系初具雏形。其中，浅层地热能开发利用日趋完善；中深层地热供暖规模不断扩大，地热供暖（制冷）建筑面积超过 10 亿 m²；深层干热岩地热资源勘查进入实验阶段。结合海洋资源分布特点及沿海城市地域优势，因地制宜推动海洋能开发利用。中国

最大兆瓦级潮流能电站在浙江舟山成功发电,实现了兆瓦级潮流能电站零的突破。随着潮流能、波浪能并网发电示范工程的启动,以山东、浙江、广东、海南为代表的海洋能示范基地格局初步形成。

政策提供坚强保障

初步构建以市场化为导向,规范、公平、完善的高效能源政策体系,为可再生能源行业持续健康发展提供坚强保障。

能源革命战略行动计划指引能源变革发展方向。先后发布《能源发展战略行动计划(2014—2020 年)》《能源生产和消费革命战略(2016—2030)》《能源技术革命创新行动计划(2016—2030 年)》《能源体制革命行动计划》等一系列能源革命战略纲领性文件,为中长期能源变革指引发展方向。

构建可再生能源发展规划体系。发布了《可再生能源发展"十三五"规划》,水电、风电、太阳能、生物质能的"十三五"专项规划和分省(自治区、直辖市)规划,构建综合性和专业性、全局性和地区性相结合的立体式、多层次规划体系。

不断完善可再生能源优先、稳中求进的能源转型政策。在保障消纳方面,先后发布《可再生能源发展全额保障性收购管理办法》,提出火电灵活性改造等措施,有效提升系统调峰能力,建立可再生能源绿色证书交易制度,健全可再生能源电力消纳保障机制;在电价政策方面,启动光伏"领跑者"基地建设,推动光伏发电项目建设成本和上网电价快速下降,陆续出台和完善陆上风电、光伏发电、垃圾焚烧发电、海上风电电价政策;在推进平价上网方面,推动风电、光伏发电项目竞争性配置,进一步完善新能源补贴价格机制;积极开展辅助服务市场、发电权交易、增量现货交易等,促进可再生能源消纳。

产业体系和市场机制日趋完善

"十三五"期间,在降本增效、质量监督管理、运行管理、信息化管理、行业服务以及标准检测认证等方面,可再生能源产业体系和市场机制日趋完善。

技术进步带动建设成本持续降低,平价(低价)项目试点示范有序展开,补贴退坡步伐加快。得益于技术进步、规模效应和竞争性配置等措施,风电行业工程造价明显降低;光伏发电企业不断加强系统优化和成本控制,开发利用成本快速下降,个别地区新能源项目上网电价已低于当地燃煤指导电价。"十三五"期间，风电、光伏与传统化石能源发电的经济竞争能力明显增强，推动补贴退坡不断加快。

加强质量监督管理。 开展可再生能源电站主体工程及相关设备质量综合评价，加强可再生能源电站运行数据采集和监控，定期公开可再生能源电站开发建设和运行安全质量情况。组织建立流域水电综合监测体系，实现对主要流域水能利用情况监测。建立覆盖设计、生产、运行全过程的质量监督管理和安全故障预警机制，完善可再生能源行业事故通报机制，及时发布重大事故通报和同类事故的反事故措施。组织行业构建公平、公正、开放的招投标市场环境和不良行为负面清单制度。

提升运行管理水平。 积极推动可再生能源项目的自动化管理水平和技术改造，提高发电能力。逐步完善施工、检修、运维等环节的专业化服务，加强后服务市场建设，建立健全产业服务和技术支持体系。实施电储能、柔性直流输电等高新技术的示范应用，推动能源结构调整，提升电力市场的适应性。完善电网结构，优化调度运行机制，加强新能源外送通道的规划建设，提高外送通道利用率，特高压跨省（自治区、直辖市）外送通道的利用率与清洁能源电力占比不断提升。

项目全生命周期信息化管理和认证体系逐步建立，行业服务与监督管理工作有序开展。 建立和完善可再生能源信息管理平台，行业信息化管理水平不断提升，为行业管理和政策制定提供可靠技术支撑。标准检测认证体系不断完善，推进标准体系与国际接轨。加强设备检测和认证平台建设，提升认证机构业务水平，推进认证结果国际互认取得积极成效。

创新示范稳步推进

区域能源转型试点示范工程有效开展。 开展第一批太阳能热发电示范项目，总装机容量 134.9 万 kW；多个清洁能源示范省（自治区、直辖市）建设有序推进，示范区非水电可再生能源消纳比例稳步提升；安徽金寨、西藏日喀则、甘肃敦煌以及江苏扬中等高比例可再生能源示范县开展建设；内蒙古包头以及黑龙江大庆、齐齐哈尔开展可再生能源消纳应用技术与商业模式创新，通过可再生能源就地综合利用推动传统工业城市绿色发展；河南兰考农村能源革命试点建设启动，推动农村能源生产、消费、技术、体制革命，促进美丽乡村建设；首批 28 个新能源微电

网示范项目启动，探索建立容纳高比例可再生能源的局域电力系统；青海省水光互补工程是目前全球运行最大的"水光互补"项目，为中国清洁能源转型提供发展新模式，优化了光伏电能质量，提升了电力系统适应性。

可再生能源供热示范项目稳步推进。"十三五"期间，可再生能源供热发展势头较好，各地因地制宜开展了可再生能源供热的示范实践。 太阳能热利用持续增长，风电清洁供热、生物质能供热在示范应用的基础上进入规模化发展阶段，截至 2020 年年底，太阳能、地热能、生物质能、风电等可再生能源供热总面积约为 17.6 亿 m²。

加快绿色低碳发展

严格落实能源消费总量和强度"双控"制度。2020 年能源消费总量 49.8 亿 t 标准煤，控制在了 50 亿 t 标准煤以内，可再生能源新增装机容量在新增总装机容量中占比达到 73.1%，以可再生能源为主导的非化石能源消费比例在 2019 年超过 15%，提前一年完成了 2020 年达到 15% 的目标，清洁能源在能源消费增量中占 65% 以上。 北方地区冬季清洁取暖率达到 60% 以上，替代散煤 1.4 亿 t 以上。 单位 GDP 二氧化碳排放累计下降 18.5%。 以水能、风能和太阳能为主导的可再生能源，推动能源向绿色低碳方向加速转型。

有效控制碳排放增长。"十三五"以来，中国碳排放强度不断下降，能源结构持续优化，为应对全球气候变化作出重要贡献。 截至 2019 年年底，中国碳排放强度较 2005 年降低约 48.1%，提前完成对国际社会承诺的到 2020 年下降 40%～45% 的目标。

电能替代推进能源消费低碳化成效明显。"十三五"期间，中国电能替代规模已超过 8000 亿 kW·h，约占新增用电规模的 44%。 清洁取暖、交通、工业、商业等领域以电代煤、以电代油的广泛推广，正促进社会用能方式转变和能源利用效率提升。

生态环境效益显著

"十三五"期间，中国水电、风电、光伏、生物质发电量累计约 93690 亿 kW·h，相当于替代 27.64 亿 t 标准煤，减少排放二氧化碳约 53 亿 t、二氧化硫约 3786 万 t、氮氧化物约 1628 万 t、烟尘排放约 2196 万 t，年节约用水约 144 亿 m³，对减少温室气体排放和减轻大气污染发挥了重要作用，生态环境效益显著。

能源科技快速进步

"十三五"期间,中国可再生能源自主创新和重大装备本地化取得积极进展,水能、风能、太阳能开发利用技术已居世界前列。

水电装备制造、关键技术和建设能力世界领先。自主研发和制造了世界最大单机容量 100 万 kW 水轮发电机组(见图 1.21),筑坝技术居于世界前列,世界最高拱坝、面板堆石坝等均在中国;泄洪消能、抗震、高边坡治理、导截流施工、地下工程等关键技术处于国际领先水平。 在核心的坝工技术和水电设备研制领域,中国形成了规划、设计、施工、装备制造、运行维护等全产业链高水平整合能力。

图 1.21　金沙江白鹤滩水电站全球首台 100 万 kW
水轮发电机组转子成功吊装

形成大容量风电机组整机设计能力和较完整的风电装备制造技术体系。风电机组关键零部件基本本地化,单机容量 5MW 陆上大型风电设备实现并网发电,低风速风电技术取得突破性进展,风电机组高海拔、低温、冰冻等特殊环境的适应性、并网友好性显著提升;2020 年 7 月,国内首台 10MW 海上风电机组成功并网发电(见图 1.22)。 海上风电整机和关键零部件设计制造技术水平逐渐成熟,装备基本具备国产化能力。海上风电勘测设计、施工能力不断提升。

光伏发电技术整体处于国际"领跑"地位。光伏发电电池及组件技术转换效率快速提升,晶硅电池、薄膜电池最高转换效率多次刷新世界纪录,逆变器、数据采集与远程监控系统等关键设备均已实现自主化。规模化生产方面,单晶叠加 PERC 技术的光伏电池占比约 80%,成为主

图 1.22 国内首台 10MW 海上风电机组施工安装现场

流技术路线，量产平均转换效率提升至 22.8%，主流光伏组件功率提升至 450W；前沿技术方面，保持多晶硅电池、砷化镓电池、有机电池等转换效率纪录，钙钛矿电池实验室制备与产业化转化水平走在世界前列。光伏制造的整套生产线实现本地化。 塔式、槽式、菲涅尔式等太阳能热发电技术进入商业化示范阶段，建立了完整技术产业链，初步具备产业化发展基础。

新能源并网技术加速创新。 在可再生能源并网和大规模外送、柔性直流输电、新能源发电集群控制、风光储输等新能源并网调控相关领域，完成多项示范工程。 在新能源微电网规划与控制技术、新能源虚拟同步机技术、风电联网规划与防脱网技术等方面加速创新。

新型储能、氢能等产业链基本形成。 已初步建成包括储能电池、电池管理系统、功率转换系统、能量管理系统等电化学储能装备产业链，初步建立了设计、施工安装、调试、运行维护等应用产业链，初步建立了电力储能标准体系。 基本形成氢能产业链，包括制氢、储氢、运氢、加氢、燃料电池核心部件研发、氢燃料电池汽车以及配套产业等环节，但在自主技术研发、装备制造、基础设施建设等方面与国际先进水平尚存在一定差距。

清洁能源惠民利民

可再生能源带动脱贫攻坚作用显著。 新能源开发建设进一步向贫困地区倾斜，在规划布局、资金安排、工程项目方面的扶贫力度不断加大，通过优先规划布局新能源项目、加快推进项目建设进度，为贫困地区脱贫攻坚提供有力保障。水电开发扶贫和利益共享机制逐步完善，加快水电开发扶贫项目工程建设，组织开展水电资源开发资产收益扶贫改革试点，让贫困地区更好地分享水电资源开发收益。

光伏、风电扶贫成为精准扶贫的重要方式，实施力度不断加大，质量效益不断提高。"十三五"期间，中国建成约 2600 万 kW 光伏扶贫电站，惠及 6 万个贫困村、415 万户贫困户，成为国家"精准扶贫十大工程"之一。甘肃省定西市通渭县依托光伏扶贫项目（见图 1.23），定点帮扶集中连片特困地区，近 2 万户贫困户全年都有了稳定收入，198 个贫困村集体经济实现了从无到有、从弱到强，有效解决了村集体经济空壳问题，也让全县走上了一条可持续发展的脱贫攻坚之路；内蒙古自治区兴安盟 300 万 kW 革命老区创新风电扶贫模式，成为政企合作利用地方优势资源发展产业扶贫的成功范例，在帮扶贫困户脱贫增收致富上作出实绩。

图 1.23　通渭县榜罗镇文树村的多模式村级光伏扶贫电站

可再生能源就业创业普惠民生。截至 2020 年年底，中国可再生能源行业总就业岗位约 460 万个。其中，太阳能、水电、风能和生物质能行业就业岗位分别约为 300 万个、70 万个、50 万个和 40 万个。

积极推进北方地区冬季清洁取暖。以保障群众温暖过冬、减少大气污染为立足点，稳妥推进"煤改电"。2018—2020 年共为 863 万户实施"煤改电"，新增电供暖面积 6.79 亿 m^2；因地制宜开展可再生能源供暖，支持利用地热能、生物质成型燃料、太阳能供暖以及热泵技术应用。截至 2020 年年底，北方地区清洁取暖面积达 125.9 亿 m^2，比 2016

年增加 60.9 亿 m²，清洁取暖率达 60％ 以上，替代散煤（含低效小锅炉用煤）1.4 亿 t。 京津冀及周边地区清洁取暖率达到 80％ 以上。

全面加强国际合作

统筹国内国际两个大局，全方位加强能源国际合作，扩大能源领域对外开放，取得广泛成果。

深化能源领域对外开放。大幅度放宽外商投资准入，打造市场化、法治化、国际化营商环境，促进贸易和投资自由化、便利化。 全面实行准入前国民待遇加负面清单管理制度，能源领域外商投资准入限制持续减少，全面取消新能源等领域外资准入限制。 推动广东、湖北、重庆、海南等自由贸易试验区能源产业发展。

服务"一带一路"倡议，可再生能源"走出去"步伐不断加快，国际合作全方位展开。水电"走出去"经历了从技术合作、劳务输出、分包、工程总承包、绿地投资到参股境外国家电力公司股权等过程和发展方式。 风电、光伏发电领域的设备产品出口、工程建设在全球市场占有重要地位。 风电方面，通过境外设立研发中心或工厂，不断扩展对外合作模式和提升技术实力，海外风电项目投资取得良好成果。 太阳能方面，装备出口稳步增长，中国光伏企业海外投资建设布局正在全产业链发展，电站建设开始"走出去"。

支持和促进全球能源治理，提升能源事务的影响力。中国与 90 多个国家和地区建立了政府间能源合作机制，与 30 多个能源领域国际组织和多边机制建立了合作关系。 按照互利共赢原则开展双多边能源合作，积极支持国际能源组织和合作机制在全球能源治理中发挥作用，在国际多边合作框架下积极推动全球能源市场稳定与供应安全、能源绿色转型发展，为促进全球能源可持续发展贡献中国智慧与中国力量。

2

常规水电

2.1
资源概况

中国水力资源
技术可开发量为

6.87 亿 kW

中国水力资源技术可开发量（见图 2.1）居世界首位。 根据水力资源最新复查统计成果，中国水力资源技术可开发量为 6.87 亿 kW，年发电量约 3 万亿 kW·h，与 2019 年相比无变化。

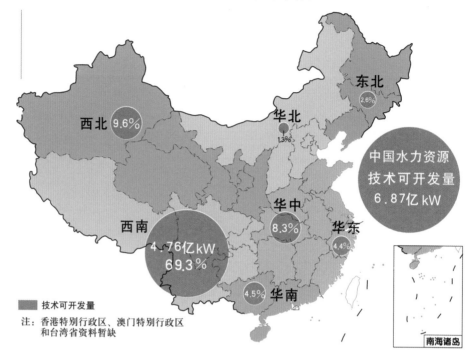

图 2.1　中国水力资源技术可开发量

2.2
发展现状

截至 2020 年年底，
中国常规水电已建装机容量

33867 万 kW
在建装机容量约

4800 万 kW
2020 年常规水电新增
投产规模约

1200 万 kW

常规水电已建装机容量 33867 万 kW

截至 2020 年年底，中国常规水电已建装机容量 33867 万 kW，其中，装机容量超过 500 万 kW 的省份共计 14 个，主要分布在西南、华中、华南、华东和西北地区，东北和华北地区没有省份水电装机规模超过 500 万 kW。 四川（7892 万 kW）、云南（7556 万 kW）、湖北（3630 万 kW）分列全国水电装机容量前三位，3 省合计水电装机容量的全国占比为 56.3%，排名分列 4~10 位的省份是贵州、广西、湖南、广东、福建、青海和甘肃，排名前十的省份合计水电装机容量 28785 万 kW，占全国水电总装机容量的比例超过了 80%，如图 2.2 所示。

常规水电新增投产装机容量约 1200 万 kW

2020 年常规水电新增投产规模约 1200 万 kW，较 2019 年投产规模（384 万 kW）明显提升。 投产的大型水电项目主要包括金沙江乌东德水电站（680 万 kW/1020 万 kW，投产装机/电站总装机，下同）、金沙水电站（14 万 kW/56 万 kW）、红水河大藤峡水利枢纽工程（60 万 kW/160

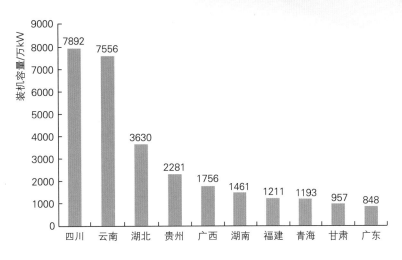

图 2.2 主要省份常规水电装机容量

万 kW)、松花江丰满（重建）水电站（60 万 kW/148 万 kW）、溇水江坪河水电站（45 万 kW）以及西南诸河部分电站等。

大型常规水电站在建装机容量约 4800 万 kW，主要集中在西南地区

截至 2020 年年底，中国在建的大型常规水电站合计装机容量约 4800 万 kW，主要分布在西南地区的金沙江、大渡河、雅砻江等流域，此外黄河上游、红水河、乌江等流域也有部分在建的水电站。2020 年在建大型常规水电站基本情况见表 2.1。

表 2.1 2020 年在建大型常规水电站基本情况

单位：万 kW

流域	在建项目	在建装机
金沙江	叶巴滩、拉哇、巴塘、苏洼龙、金沙、银江、乌东德、白鹤滩	2640
黄河上游	玛尔挡、李家峡（扩机）	260
雅砻江	两河口、杨房沟、卡拉	552
大渡河	巴拉、双江口、金川、硬梁包、绰斯甲、沙坪一级、枕头坝二级	578
其他河流	大藤峡、白马、扎拉等	770
合　计		4800

常规水电已建、在建总装机容量约 3.87 亿 kW，技术开发程度约为 56.3%，如图 2.3 所示。

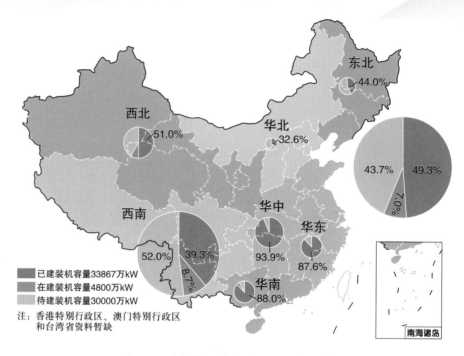

图 2.3　中国分区水力资源开发利用情况

大中型常规水电核准开工规模约 310 万 kW

2020 年，核准的大中型常规水电站主要有雅砻江的卡拉水电站（102 万 kW），西藏玉曲河扎拉水电站（101.5 万 kW），大渡河沙坪一级水电站（36 万 kW）、枕头坝二级水电站（30 万 kW），以及黄河上游李家峡水电站（扩机，40 万 kW）等（见表 2.2）。

表 2.2		2020 年核准大中型常规水电站基本情况				
流域	电站名称	装机容量/万 kW	发电量/(亿 kW·h)	总投资/亿元	核准日期	核准机关
雅砻江	卡拉	102	39.97	171.21	2020 年 6 月	四川省发展改革委
黄河	李家峡（扩机）	40	0.61	5.41	2020 年 7 月	青海省发展改革委
玉曲河	扎拉	101.5	39.46	119	2020 年 12 月	西藏自治区发展改革委
大渡河	沙坪一级	36	16.35	48.33	2020 年 12 月	四川省发展改革委
	枕头坝二级	30	15.03	45.46	2020 年 12 月	四川省发展改革委
合　计		309.5	111.42	389.41		

常规水电开发程度超过 56%

截至 2020 年年底，中国已建、在建水电总装机规模占技术可开发量的比例约为 56.3%，其中已建占 49.3%，在建占 7.0%，剩余待开发水力资源约 3 亿 kW。 考虑水力资源开发的多方面制约因素，近期来看，全国潜在可开发水力资源为 1.1 亿～1.2 亿 kW。

从行政分区来看，未来水电开发将主要集中在西藏自治区。 截至 2020 年年底，西藏自治区已建、在建水电装机规模仅占技术可开发量的 4.0%，未来水电发展潜力巨大。

从流域分布来看，中国水力资源主要集中在金沙江、长江、雅砻江、黄河、大渡河、红水河、乌江和西南诸河等流域，上述流域规划电站总装机容量约 3.75 亿 kW，占全国资源量的一半以上。

截至 2020 年年底，上述主要流域已建常规水电装机 14943 万 kW，占全国已建常规水电装机的比例为 44.1%。 其中，乌江、南盘江红水河、大渡河、金沙江、长江上游等 5 条河流开发程度较高，已达 80% 以上；雅砻江、黄河上游已建和在建比例为 60%～70%，还有一定的发展潜力。 中国水电开发的重点是西南诸河，已开发程度仅为 16% 左右，未来开发潜力大。

2020 年主要流域水电开发基本情况见表 2.3。

截至 2020 年年底，主要流域已建常规水电装机

14943 万 kW

占全国已建常规水电装机的比例为

44.1%

表 2.3	2020 年主要流域水电开发基本情况		
序号	河流名称	技术可开发量 /万 kW	已建规模 /万 kW	在建规模 /万 kW
1	金沙江	8167	3236	3334
2	长江上游	3128	2522	0
3	雅砻江	2881	1470	552
4	黄河上游	2665	1438	260
5	大渡河	2496	1737	538
6	红水河	1508	1208	160
7	乌江	1158	1110	48
8	西南诸河	15504	2222	206
	合　计	37472	14943	5098

注　已建、在建规模按电站统计，不按机组统计。

2.3
前期工作

水电前期项目储备总体有限，四川、云南仍具潜力

规划待开发常规水电资源主要分布在金沙江、雅砻江、大渡河、黄河干流及西南诸河等流域。 基于已批复的河流水电规划，截至 2020 年，正在开展前期工作的大型水电站装机规模合计约 3300 万 kW，其中金沙江干流 6 个电站，装机规模约 1200 万 kW；雅砻江干流中游河段 3 个电站，装机规模约 260 万 kW；大渡河干流 5 个电站，装机规模约 300 万 kW；黄河干流 2 个电站，装机规模约 400 万 kW；西南诸河 11 个电站，装机规模约 1150 万 kW。

2020 年，红水河干流和乌江干流水电规划调整工作获得国家发展改革委批准同意立项并正式启动，黄河上游（龙羊峡—青铜峡河段）和雅砻江中下游（两河口—江口河段）水电规划调整工作持续推进。 主要流域中，大渡河沙坪一级、枕头坝二级水电站，雅砻江孟底沟水电站，黄河上游羊曲水电站等完成了可行性研究工作；班达、巴玉水电站等完成预可行性研究工作。 截至 2020 年，上述主要流域中共有 3 个项目正在开展预可行性研究，26 个项目正在开展可行性研究。

2.4
投资建设

2020 年，常规水电在建工程完成投资约 1077 亿元，同比增加 19%。 2020 年核准的常规水电工程单位千瓦平均投资约 12580 元。

2020 年，开展了 20 余座大型水电站的安全鉴定工作，主要包括：金沙江巴塘水电站截流阶段安全鉴定；金沙江乌东德、白鹤滩、金沙、溇水江坪河，雅砻江两河口、杨房沟等水电站蓄水阶段安全鉴定；开展了大渡河沙坪二级、长河坝，木里河立洲、卡基娃，金沙江观音岩等水电站枢纽工程竣工安全鉴定。

2020 年，开展了 60 余座水电站的质量监督工作，主要包括：金沙江叶巴滩、拉哇、苏洼龙、巴塘、白鹤滩、乌东德、金沙、银江，雅砻江两河口、杨房沟，大渡河双江口、硬梁包水电站，松花江丰满水电站全面治理（重建）工程，溇水江坪河，赣江龙头山，汉江白河（夹河）水电站，郁江瓦村，黄河玛尔挡等水电站。

通过安全鉴定、质量监督和验收检验，可以在工作过程中及时排除安全隐患，确保水电工程建设质量总体可控。

2.5
运行管理

流域水电综合监测工作持续推进

2020 年，流域水电综合监测平台新增 115 座水电站基础数据、水能利用数据的接入，其中大型水电站 25 座，中型水电站 90 座。 截至 2020 年年底，已完成全国主要流域 399 座电站接入（总装机容量为 2.19 亿 kW，占 2020 年常规水电装机容量的 64.6%），实现实时运行调度数据、部分生态环境数据、部分水文数据及全国气象降水、气温等数据的实时接入，构建了一套可支撑水电站运行管理、水文预报与调度优化的气象水文与生产的大型数据库。

在平台建设上，为更好地满足国家能源局水电运行期管理的新需求，对移动 APP 平台、数据交换采集工具、采集网站等产品进行了升级改造，正在开发水能利用预警预测模块，继续为行业政策的制定与决策提供数据支撑。 同时，针对生态环境部对全国水电工程在线诊断、实时监管的需求，继续完善"水电水利建设项目全过程环境管理信息平台"，结合黄河上游梯级、丰满水电站等工程开展试点应用，逐步提升水电工程环境监测的信息化管理水平，推动水电行业的高质量与可持续发展。

2020 年，监测水电站发电量 8761 亿 kW·h，同比增加 5.95%；弃水电量 304 亿 kW·h，较 2019 年减少 47.91 亿 kW·h；有效水能利用率 96.64%，同比提高 0.76%。 弃水电量主要集中在四川省和青海省，其他省（自治区、直辖市）弃水维持较低水平。

四川省弃水电量 204.63 亿 kW·h，约占全国总弃水电量的 67.22%，弃水电量较 2019 年减少 76.93 亿 kW·h。 四川省弃水主要集中在大渡河流域和雅砻江流域，其中大渡河流域弃水电量约占全省弃水电量的 53%，雅砻江流域弃水约占全省弃水电量的 25%。 四川省弃水主要由于康甘和攀西输电断面送电能力不足，省内局部网架薄弱，外送通道输电受限，以及流域调蓄能力不足等因素综合影响所致。

青海省弃水电量 40.11 亿 kW·h，约占全国总弃水电量的 13.18%，弃水电量较 2019 年增加 18.51 亿 kW·h。 青海省监测电站中，拉西瓦弃水电量占比最大，约占全省总弃水电量的 51%，李家峡、公伯峡和积石峡弃水电量分别占比 18%、13% 和 8%。 青海省弃水的主要原因在于黄河上游水电与西部电网新能源共用送出通道，共享调峰资源，在来水偏丰、水电大发的情况下，为统筹新能源消纳，水电弃水以腾出空间配合风电和光伏消纳。

新时期安全应急管理工作取得新进展

党的十九届五中全会提出，统筹发展和安全，建设更高水平的平安中国。 2020 年以来，党和国家领导人多次强调"生命至上，人民至

卜"，引领水电行业安全应急管理发展新方向。 2020 年 7 月 1 日，国家能源局实施《水电工程水库蓄水应急预案编制规程》；10 月 23 日，国家能源局发布《水电工程劳动安全与工业卫生后评价规程》，并于 2021 年 2 月 1 日实施。 2020 年，国家能源局积极推进流域水电安全与应急管理信息平台建设，要求依托雅砻江、大渡河、黄河上游、金沙江等流域先期开展平台建设及示范，以信息化推进应急管理体系和能力现代化。 根据国家反恐怖工作领导小组办公室要求，向家坝、溪洛渡、白鹤滩、两河口、长河坝等水电工程治安反恐防范系统有序推进。 完成流域梯级水电站风险管控对策研究，支撑国家《电力安全生产"十四五"行动计划》的编制。 根据国家防汛抗旱总指挥部办公室和应急管理部要求，完成《防汛抗旱应急能力建设"十四五"规划》，引领国家防汛抗洪抢险救援发展方向。

2.6
技术进步

"十三五"期间，依托雅砻江两河口、杨房沟、孟底沟，大渡河双江口、硬梁包，金沙江白鹤滩、乌东德、叶巴滩、拉哇，黄河玛尔挡等重大工程建设，金沙江上游旭龙、奔子栏水电站前期研究等工作，水电行业在工程建设、勘测设计、装备制造、施工技术、运行管理等方面都取得了很多成绩和技术进步。 2020 年，金沙江乌东德水电站首批机组正式投产发电，乌东德双曲拱坝首次全部采用了低热水泥混凝土，金属结构制作安装技术方面攻克了 800MPa 高强钢焊接等系列世界级难题；金沙江白鹤滩水电站建设世界最大水电站地下厂房，长 438m、宽 34m、高 88.7m，安装 16 台世界单机容量最大的 1000MW 水轮发电机组，在机组设备研制、设计、制造、材料等领域推动了中国特大型水电设备设计制造技术的全面发展；吉林丰满水电站（重建）全面投产发电，首次攻克"一址双坝"建设难关，碾压混凝土坝建设中采用了数字化综合信息集成系统，对工程设计、建设和运行过程中涉及的工程进度和施工质量等信息进行动态采集与数字化处理，对施工过程进行了精细化全天候实时监控；雅砻江两河口水电站完成第一阶段蓄水，两河口心墙堆石坝坝高 295m，推动了 300m 级心墙堆石坝筑坝技术研究创新，施工建设中实现了大坝无人碾压机群的应用。

2.7
发展特点

水电发电量再创新高

2020 年，中国各主要流域来水整体偏丰，同时流域水电综合管理水平不断提升，全国水电发电量和平均利用小时数再创新高，水电年发电量达 13552 亿 kW·h，同比提高 4.1%，占全国发电量的 17.8%；全国水电平均利用小时数 3827h，比 2019 年增加 130h。 水电开发建设提供了大量的清洁电力，相应减少消费 4.06 亿 t 标准煤，减少二氧化碳排放 10.6 亿 t，为国民经济和社会可持续发展提供重要能源保障的同时，也为做好"碳达峰、碳中和"工作以及实现非化石能源消费占比目标提供了有力支撑。

西南水电弃水进一步改善

随着水电消纳机制不断完善，以及电网公司进一步加快推进水电外送通道、电网网架等基础设施建设，水电消纳和外送能力明显提升，弃水电量自 2018 年以来逐年下降，2020 年全国主要流域弃水电量 304 亿 kW·h，较 2018 年峰值下降 387 亿 kW·h，主要流域平均水能利用率达到 96.6% 以上。 其中云南省通过统筹协调流域梯级和跨流域电站运行调度，开展跨省跨区市场化交易等，多措并举促进清洁能源在更大范围优化配置和充分消纳；同时积极培育省内用电市场，布局清洁载能产业发展，提升清洁能源本地消纳。 2020 年云南省弃水问题基本解决，四川省由于局部网架薄弱、外送通道输电能力受限、流域调蓄能力较弱等因素，弃水问题仍相对突出。

水电投产规模有所回升

2020 年，广大水电行业从业者不畏艰难、稳中求进，克服新冠肺炎疫情带来的重重困难，安全有序推进乌东德、白鹤滩等在建水电工程建设，高标准高质量地完成金沙江乌东德、金沙，红水河大藤峡，松花江丰满，涞水江坪河及西南诸河部分电站的投产发电任务，总投产规模 1203 万 kW，较 2019 年显著回升，超过"十三五"前四年年均投产水平。 其中，2020 年乌东德水电站共有 8 台机组 680 万 kW 实现投产发电。 同时，乌东德电站送电广东广西特高压多端柔性直流示范工程（简称"昆柳龙直流工程"）正式投产送电，"西电东送"建设取得里程碑式进展。

3

抽水蓄能

3.1
站点资源

截至 2020 年年底，中国已开展 25 个省（自治区、直辖市）的抽水蓄能电站选点规划或选点规划调整工作。 根据已建、在建抽水蓄能电站装机容量和国家能源局已批复的抽水蓄能电站选点规划（规划调整）成果，截至 2020 年，中国抽水蓄能规划站点总装机容量约 13000 万 kW，如图 3.1 所示。

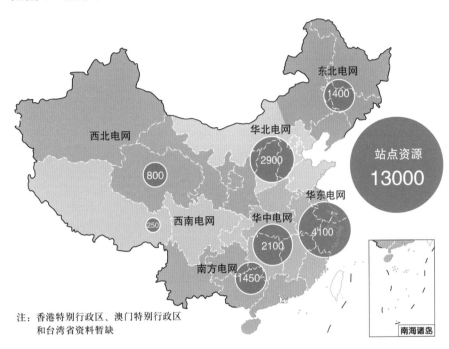

注：香港特别行政区、澳门特别行政区和台湾省资料暂缺

图 3.1 抽水蓄能电站规划站点分布图（单位：万 kW）

截至 2020 年年底，已批复的抽水蓄能电站选点规划（规划调整）推荐站点中剩余未开发装机容量约 4500 万 kW，见表 3.1。

表 3.1	中国抽水蓄能发展情况汇总表		单位：万 kW
区域电网	已建	在建	已建、在建、规划站点总容量（约数）
华北	547	1610	2900
东北	150	780	1400
华东	1156	1743	4100
华中	499	500	2100
南方	788	240	1450
西南	9	120	250
西北		380	800
合计	3149	5373	13000

3.2
发展现状

投产规模仍然较低

截至 2020 年年底，中国抽水蓄能电站投产总装机规模 3149 万 kW，华北、华东、华中、东北、南方、西南电网区域内装机规模分别为 547 万 kW、1156 万 kW、499 万 kW、150 万 kW、788 万 kW、9 万 kW，华东电网区域内抽水蓄能电站装机规模最大，其次是南方和华北电网区域。2020 年全国新增投产 120 万 kW（安徽省绩溪抽水蓄能电站 4 台机组），如图 3.2 所示。

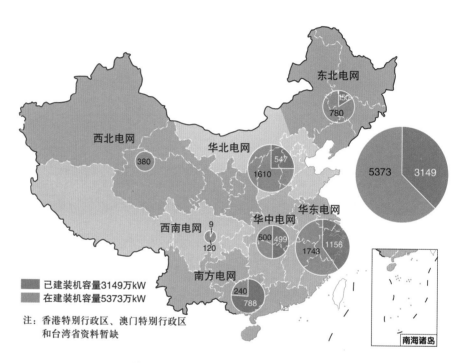

图 3.2　抽水蓄能电站分区开发情况（单位：万 kW）

开工规模有所减少

2020 年核准开工建设抽水蓄能电站装机规模

430 万 kW

2020 年核准开工建设抽水蓄能电站装机规模 430 万 kW，分布在华北、东北和华东电网区域，分别为 150 万 kW、100 万 kW 和 180 万 kW，见表 3.2。与 2019 年核准规模 688 万 kW 相比，2020 年开工规模减少约 1/3。

华北、华东电网区域在建规模集中

截至 2020 年年底，中国抽水蓄能电站在建总规模为 5373 万 kW，华北、东北、华东、西北、华中、西南、南方区域电网装机规模分别为

1610 万 kW、780 万 kW、1743 万 kW、380 万 kW、500 万 kW、120 万 kW、240 万 kW，华东电网在建规模最大，其次为华北电网，东北电网和华中电网在建规模也较大。

表 3.2			2020 年新增开工抽水蓄能电站情况			
序号	区域电网	所在省份	电站名称	装机容量/万 kW	机组构成/万 kW	核准年度
1	华北	山西	浑源	150	4×37.5	2020
2	东北	辽宁	庄河	100	4×25	2020
3	华东	福建	云霄	180	6×30	2020
		合　计		430		

2020 年，国家能源局批复了河北省和湖北省抽水蓄能电站选点规划调整成果，河北省尚义（拟装机 140 万 kW）、徐水（拟装机 60 万 kW）、滦平（拟装机 120 万 kW）和湖北省紫云山（拟装机 140 万 kW）、平坦原（拟装机 140 万 kW）成为规划新增站点。

2020 年，全国范围有 31 个站点正在开展前期工作，其中 15 个项目正在开展预可行性研究工作，装机规模 2070 万 kW，16 个项目正在进行可行性研究工作，装机规模 1960 万 kW。贵州省贵阳（120 万 kW）抽水蓄能电站完成了预可行性研究。浙江省泰顺（120 万 kW）抽水蓄能电站完成了可行性研究。

3.3 投资建设

开发成本整体平稳

"十三五"以来，抽水蓄能电站开发成本整体平稳，建设投资水平随物价波动及电站个体差异呈小幅波动趋势。一方面，抽水蓄能电站建设条件未发生重大变化；另一方面，抽水蓄能电站设备及安装工程投资占比相对较高。得益于机电设备技术的成熟，国产化程度、市场化程度的提高，近年来设备及安装工程投资基本平稳。2016—2020 年核准主要电站工程单位千瓦总投资平均值分别约为 6200 元/kW、6700 元/kW、6500 元/kW、6100 元/kW、6000 元/kW，"十三五"期间单位千瓦总投资平均值约为 6300 元/kW。

3.4
运行管理

工程建设质量总体受控

2020 年，辽宁清原、新疆阜康抽水蓄能电站完成截流阶段安全鉴定；山东沂蒙、吉林敦化、河北丰宁、浙江长龙山、福建厦门抽水蓄能电站完成蓄水阶段安全鉴定。

江苏溧阳、广东清远、广东深圳、海南琼中抽水蓄能电站完成竣工阶段枢纽工程专项验收。

共有 32 座抽水蓄能电站完成不同阶段的质量监督，主要包括河北丰宁、安徽绩溪、吉林敦化、黑龙江荒沟、山东沂蒙、安徽金寨、河南天池、山东文登、重庆蟠龙、福建厦门、广东阳江、广东梅州、浙江长龙山、陕西镇安、辽宁清原、新疆阜康、江苏句容、福建永泰、福建周宁、河南洛宁、浙江缙云、浙江宁海、湖南平江、河北易县、内蒙古芝瑞、河南五岳、浙江衢江、新疆哈密、山东潍坊抽水蓄能电站等。

助力电力系统安全稳定运行

整体来看，抽水蓄能电站在区域、省级电力系统中充分发挥调峰、调频、紧急事故备用、黑启动等作用，为系统安全稳定运行、保障跨省跨区大规模远距离电力输送、促进新能源消纳、减少煤电压负荷（停机）运行作出卓越的贡献。 2020 年，南方电网抽水蓄能电站机组启动 26878 次，启动成功率 99.9%，机组等效可用系数 92.31%，220kV 及以上保护正确动作率 100%，故障快速切除率 100%，安全自动装置正确动作率 100%，应急启动成功率 100%。

3.5
技术进步

装备制造和改进技术不断提升

伴随着抽水蓄能电站规模的快速发展，中国抽水蓄能电站的设计、施工、设备制造和自主创新研发能力不断提升，技术进步主要集中在装备制造和改进方面，为实现蓄能机组极限条件下稳定运行提供了技术支撑。 浙江长龙山抽水蓄能电站单机容量 350MW，机组额定水头 710m，水泵水轮机转速 600r/min，2020 年顺利通过了蜗壳水压试验，是长龙山电站工程建设的重要里程碑，也标志着自主研发 750m 水头段抽水蓄能转轮技术打破国外公司垄断。 内蒙古呼和浩特抽水蓄能电站首次大规模使用了国产 790MPa 级高强钢板，该技术获 2020 年度水力发电科学技术一等奖。 经中国水力发电工程学会组织的科技成果鉴定，自主研发的抽水蓄能成套设备已达国际领先水平。

3.6
发展特点

已建规模长期稳居世界首位

抽水蓄能电站开发建设保持了稳妥、有序的发展态势。"十三五"期间，抽水蓄能电站平均年度开工建设规模基本维持在750万kW，平均年度新增投产规模基本维持在200万kW水平。相较于抽水蓄能电站"十三五"发展规划目标（年度平均开工规模1200万kW、年度平均新增投产规模340万kW）存在一定滞后，但与世界其他国家相比，中国抽水蓄能总体发展速度较快，已建规模稳居世界首位，在建项目规模也为世界首位。

储能功能优势更加突显

"十四五"时期是能源高质量发展、逐步实现碳减排战略的关键时期。全国能源工作会议提出大力提升新能源消纳和储存能力，大力发展抽水蓄能和储能产业。"十四五"期间，电力系统对储能调节设施的需求将更加明显，抽水蓄能电站规模化储能优势也将有更大的发挥空间。

随着规划站点前期工作推进，"十四五"期间的抽水蓄能电站核准开工规模较"十三五"将有所提升。结合在建抽水蓄能电站建设进度，部分"十三五"期间计划投产项目将延迟到"十四五"前期投产，同时"十三五"初期开工项目也开始在"十四五"末期逐步投产，"十四五"期间将有较大规模投产。初步预计，2025年年底全国抽水蓄能装机规模达到6200万kW左右。

投资多元化更趋明显

中国约90%的已建、在建抽水蓄能电站由各电网公司独资建设或控股投资建设。其中，国家电网有限公司经营区域主要中国网新源控股有限公司控股开发建设，中国南方电网有限责任公司经营区域主要由南方电网调峰调频发电有限公司控股开发建设。国网新源控股有限公司是世界上最大的抽水蓄能电站投资建设运营单位。

近年来，随着国家能源战略的推进，非电网企业和社会资本投资开发抽水蓄能电站的积极性持续增加，介入多个抽水蓄能项目的开发建设和前期工作。"十四五"期间投资主体多元化更趋明显。

抽水蓄能电站地位作用日趋重要

抽水蓄能电站具有快速跟踪系统负荷能力，可进行有功功率、无功功率的双向、平稳和快速调节，承担重要的无功动态支撑作用；与新能源发电配合运行时，能够显著提高可再生能源综合利用率，提升新能源发电的综合竞争力，保障高比例新能源电力系统安全稳定运行。 同时，优化配置以抽水蓄能电站为主的储能调节设施，可进一步改善系统运行条件，增加煤电机组最优工况运行时间，保障核电机组安全稳定运行，降低系统化石燃料消耗，促进节能减排。 作为负荷中心或跨区电力输送平台附近的支撑电源，抽水蓄能电站能够有效增强系统保安能力，保障高比例清洁能源大规模配置的可靠性和可持续性。 抽水蓄能电站还可承担电网事故备用和黑启动任务，使电力系统在最短时间内恢复供电能力，有效保障运行安全。

因此，科学有序、加快推动抽水蓄能发展是构建以新能源为主体的新型电力系统的关键和当务之急。

新能源加快发展提出新要求

促进中国能源绿色低碳转型，实现电力系统高质量发展，需要在满足系统"安全稳定、低碳经济"运行需求的基础上，增加整体灵活性。做好存量电源调节性能挖潜和需求侧管理，合理布局经济高效且具有规模效益的抽水蓄能储能调节措施，以优化资源配置、提升系统效率成为行业共识。

为实现"碳达峰、碳中和"战略目标，国家将持续推进可再生能源高质量发展，新能源发电装机容量在电力系统的占比将进一步快速增长。 合理配置抽水蓄能电站是保障新能源为主体的友好型电力系统的有效途径，可显著提高可再生能源综合利用率，提升新能源发电的综合竞争力。

抽水蓄能电站是现阶段技术最成熟的大型储能调节设施，是满足储能需求首选的、规模化的、成本低的技术选项，凭借其灵活的运行方式、快速的反应速度、明显的成本优势和良好的环境效益，是促进现代电网绿色低碳发展不可或缺的重要部分。

中长期规划支撑可持续发展

2020 年 12 月，国家能源局启动全国新一轮抽水蓄能中长期规划编制工作。

　　根据负荷预测和储能调峰需求分析，结合"碳达峰、碳中和"战略目标，总体来看，中长期全国抽水蓄能电站的需求规模将较之前的预测成果有大幅度提升。中长期规划工作的开展，将有利于抽水蓄能电站规划建设与国土空间、生态保护等规划的衔接协调，更好地保护抽水蓄能站点资源，发挥规划引领作用，促进抽水蓄能高质量可持续发展。

4

风电

4.1
资源概况

全国 2020 年风能资源总体略偏小

2020 年，全国陆上 10m 高度年平均风速较近 10 年（2010—2019年）平均风速偏小 1.55%，为正常略偏小年景。 2020 年影响中国的冷空气频次偏少、登陆的热带气旋偏少，是全国平均风速正常略偏小的主要原因。

全国陆上 70m 高度年平均风速约 5.4m/s，年平均风功率密度约 184.5W/m²；100m 高度年平均风速约 5.7m/s，年平均风功率密度约 221.2W/m²。 青海、山东、浙江、江苏、甘肃、上海、宁夏、河南、新疆、河北、安徽、湖北、陕西、北京为风能资源偏小年景；福建、吉林、黑龙江、云南、广西为风能资源偏大年景；其他地区风能资源接近常年，如图 4.1 所示。

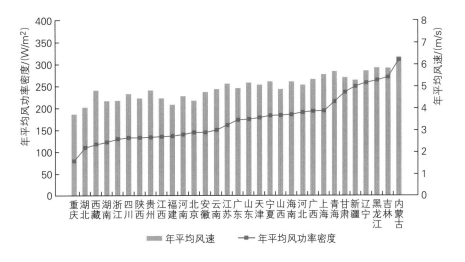

图 4.1　2020 年中国重点省份陆上 70m 高度年平均风速、风功率密度统计

中国近海主要海区 70m 高度年平均风速约 8.1m/s，年平均风功率密度约 572.6W/m²；100m 高度年平均风速约 8.3m/s，年平均风功率密度约 632.2W/m²。 台湾以东、渤海、黄海南部、南海中东部为风能资源偏小年景，南海西北部、南海中西部为风能资源偏大年景，北部湾风能资源明显偏大，其他海区风能资源接近常年，如图 4.2 所示。

"三北"地区较其他地区总体风速较高

按照中国陆地风能资源分区情况，"三北"（东北、华北、西北）地区大多属于Ⅰ～Ⅲ类资源区，整体风速水平较高，是中国风电开发的重点区域。"三北"地区各省（自治区、直辖市）风能资源水平存在较大差距，其中风能资源条件最好的是内蒙古，年平均风速 7.02m/s，年平

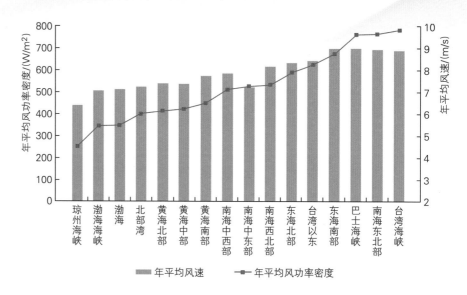

图 4.2 2020 年中国各海区 70m 高度年平均风速、风功率密度统计

均风功率密度 356W/m²；风能资源条件较差的是陕西，年平均风速 4.76m/s，年平均风功率密度 136W/m²，如图 4.3 所示。

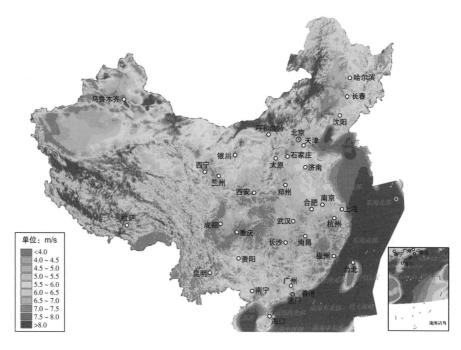

图 4.3 2020 年中国 100m 高度年平均风速分布

中东部和南方地区低风速风能资源储量较大

按照中国陆地风能资源分区情况，中国中东部和南方地区以低风速风能资源为主，均属 IV 类资源区。 随着分散式风电技术的进步，中东部和南方地区低风速风能资源开发价值日益凸显，风速在 5m/s 以上达到

经济开发价值的风能资源约 10 亿 kW。 中东部和南方地区风能资源条件最好的是上海，年平均风速 5.76m/s，年平均风功率密度 199W/m²；风能资源条件较差的是重庆，年平均风速 4.27m/s，年平均风功率密度 107W/m²，如图 4.3 所示。

海上风电资源优、深远海资源储量大

中国大陆海岸线长 18000 多 km，受夏、秋季节热带气旋活动和冬、春季节北方冷空气影响，中国海上风能资源较为丰富。 近海领域风能资源主要集中在东南沿海及其附近岛屿，风功率密度基本都在 300W/m² 以上，水深在 5~25m 范围内的风电资源技术开发量约 1.9 亿 kW，水深在 25~50m 范围内的风电资源技术开发量约 3.2 亿 kW。 近海主要海区 100m 高度年平均风速为 6.68~9.19m/s，风能资源最好区域位于东海南部和台湾海峡，如图 4.4 所示。

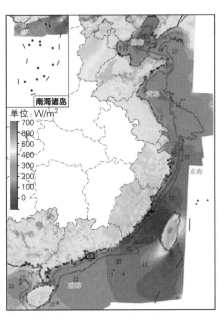
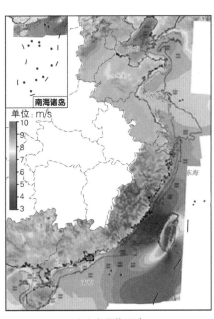

(a) 年平均风功率密度   (b) 年平均风速

图 4.4　中国近海 100m 高度年平均风功率密度、风速分布

中国领海外深远海海域风能资源丰富。 经初步评估，中国深远海海域可开发海域面积约 67 万 km²，预估风电资源技术可开发量约 20 亿 kW。

4.2
发展现状

新增装机容量创新高

2020 年，中国风电新增装机容量实现历史性突破，全年新增并网装机容量 7167 万 kW（见图 4.5），其中第四季度新增装机容量

截至 2020 年年底，中国
风电累计并网装机容量达

28153 万 kW

同比增长

34%

5625 万 kW，占全年新增装机容量的 78%；陆上风电新增装机容量 6861 万 kW，约占全年新增装机容量的 95.7%；海上风电新增装机容量 306 万 kW，约占全年新增装机容量的 4.3%。 截至 2020 年年底，中国风电累计并网装机容量达 28153 万 kW，同比增长 34%，其中陆上风电 27254 万 kW，同比增长约 33.6%；海上风电 899 万 kW，同比增长约 51.6%。 风电并网装机容量约占全部电源总装机容量的 12.8%，较 2019 年增长 2.4 个百分点。

图 4.5　2011—2020 年中国风电装机容量及变化趋势

发电量持续增长

2020 年中国风电
年发电量达

4665 亿 kW·h

同比增长

15%

占全部电源总年发电量的

6.1%

近年来，风电年发电量占全国电源总发电量的比重稳步提升，风能利用水平持续提高。 2020 年中国风电年发电量达 4665 亿 kW·h，同比增长 15%，占全部电源总年发电量的 6.1%，较 2019 年提高 0.6 个百分点，保持位于煤电、水电之后的第三位，如图 4.6 所示。 分省（自治区、直辖市）看，除西藏外，各省（自治区、直辖市）年发电量较 2019 年均有不同程度的增长，其中广西、河南 2 省（自治区）增幅最为明显，增幅均超过了 50%。 年发电量超过 200 亿 kW·h 的有内蒙古、新疆、河北、山西、山东、云南、甘肃、江苏 8 省（自治区）。

开发布局进一步优化

从年度新增装机分布看，中东部和南方地区新增装机占比约 40%，"三北"地区占比约 60%，其中内蒙古、甘肃、新疆、东北三省等资源大省（自治区）成为投资企业的开发热点。 从累计装机占比来看，中东部和南方地区比重继续扩大，全国风电开发布局持续优化（见图 4.7）。

图 4.6　2011—2020 年中国风电年发电量及占比变化趋势

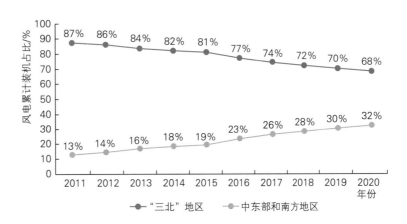

图 4.7　2011—2020 年全国风电装机布局变化趋势

风电产业景气度快速提升

在补贴退坡和存量项目建设时限要求的背景下，2020 年成为陆上风电集中并网大年。受全球疫情影响，尽管叠加了巴沙木、风机主轴承等关键设备和原材料受限于国外市场，海上风电安装船数量不足，陆上风电吊装能力不足等不利因素，中国风电市场依然呈现强劲发展势头，产业链上下游需求旺盛，持续推动本地化进程和新材料的推广应用。

海上风电产业加速发展

2020 年中国海上风电新增并网装机容量 306 万 kW，占全球新增并网装机容量的 50.5%，较 2019 年增长 11 个百分点，连续三年领跑全球。截至 2020 年年底，全球海上风电累计装机容量 3519.6 万 kW，其中国占比 28.1%，成为仅次于英国的全球第二大海上风电市场。

4.3
投资建设

2020 年中国风电新增
总投资约
4800 亿元

投资规模同比增长较大

2020 年中国风电新增总投资约 4800 亿元。 受新增装机规模增长和单位千瓦造价上升影响，2020 年中国新增投资规模较 2019 年的 1535 亿元投资规模同比增长约 212.7%。

典型风电项目的投资情况

风电项目造价主要包括设备及安装工程、建筑工程、施工辅助工程、其他费用、预备费和建设期利息，2020 年陆上、海上典型风电项目单位千瓦造价构成分别如图 4.8、图 4.9 所示。 设备及安装工程费用在项目总体造价占最大比重，陆上及海上风电项目中占比分别达到 78% 和 61%，是项目整体造价指标的主导因素。

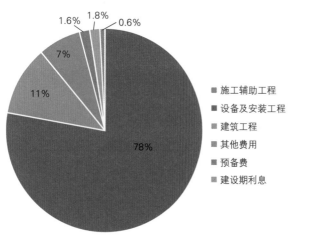

图 4.8　2020 年陆上典型风电项目
单位千瓦造价构成

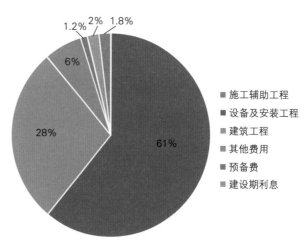

图 4.9　2020 年海上典型风电项目
单位千瓦造价构成

单位千瓦造价同比较大上升

2020 年，受补贴退坡及存量项目建设时限影响，短期内设备供应及施工资源紧张，风电单位千瓦造价较 2019 年有较大上升。 2020 年陆上集中式平原、山区地形风电项目平均造价指标分别约 6500 元/kW、7800 元/kW；海上风电项目平均造价指标约 17800 元/kW 。

风电机组招标价格先升后降

2020 年是中国风电向全面平价、低价发展过渡的关键一年。 陆上风电方面，2020 年风电机组招标价格整体呈先升后降的趋势。 前三季度风电机组招标，供货期多是年内，受原材料和产能影响，供不应求，价格大幅上涨，风电机组（不含塔筒）中标价格最高超过了 4100 元/kW；第四季度，招标风电机组多数用在 2021 年后的平价项目，为控制项目建设成本，风电机组中标价格出现大幅回落，最低回落到 2800 元/kW，中标价格多数为 2800～3350 元/kW。 海上风电方面，受施工期影响，2020年招标集中在上半年，供货期大多在 2021 年年底之前，风电机组（不含塔筒）招标价格多在 6800 元/kW 以上，较 2019 年涨幅较大。

4.4 运行消纳

2020 年中国风电年平均利用小时数为

2097h

利用小时数同比略有上升

2020 年中国风电年平均利用小时数为 2097h，较 2019 年增加 15h，增幅 0.7%，为"十二五"以来最高值。 分省（自治区、直辖市）来看，全国 19 个省（自治区、直辖市）风电年平均利用小时数较 2019 年有所增长，其中年平均利用小时数较高的省份中，福建 2880h、云南 2837h、广西 2745h，位居全国前三；年平均利用小时数增长较多的省份中，广西增长 356h、海南增长 332h、贵州增长 314h，位居全国前三。 2011—2020年中国风电年平均利用小时数对比如图 4.10 所示。

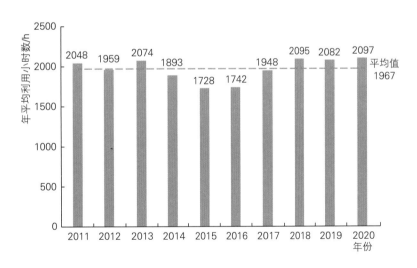

图 4.10 2011—2020 年中国风电年平均利用小时数对比

电力消纳形势持续向好

2020 年中国弃风电量为

166亿 kW · h

全国平均弃风率为

3%

2020 年中国弃风电量为 166 亿 kW · h，较 2019 年减少 3 亿 kW · h；全国平均弃风率为 3%，较 2019 年减少 1 个百分点，为"十三五"以来最低值，电力消纳形势持续向好。 其中，新疆、甘肃、内蒙古西部弃风率较 2019 年显著下降，新疆弃风率 10.3%、甘肃弃风率 6.4%、内蒙古西部弃风率 7%，较 2019 年分别下降 3.7 个、1.3 个、1.9 个百分点。2011—2020 年中国弃风限电变化趋势如图 4.11 所示。

图 4.11　2011—2020 年中国弃风限电变化趋势

2020 年风电消纳形势持续向好的原因主要有以下方面：一是通过对"三北"地区火电的持续灵活性改造，提升了电力系统的灵活调节能力，为新能源消纳创造了有利条件；二是青海—河南 ±800kV 特高压直流工程正式投运，扩大了青海、甘肃周边地区新能源的外送消纳规模；三是青海、宁夏、山东、江苏、湖南等多地积极探索储能、可调节负荷等灵活调节资源参与辅助服务交易的新机制，促进了新能源的消纳。

4.5
技术进步

2020 年，中国风电产业在装备研发和制造、工程施工和勘测设计、行业数字化水平、新兴技术应用等技术创新和研发方面不断发展，形成了较多的技术创新进步成果，特别是在大容量风电机组的研发制造和应用、海上风电全产业链技术发展及智慧风电产业体系等方面取得较好成绩。

风电机组研发和制造技术稳步提升

风电产业技术创新能力持续提升，新产品研发和迭代速度不断加快。

一是单机容量进一步增大。海上风电方面，东方电气 DEW-D10000-185 机型成功吊装并网并获得型式认证，明阳智能发布 MySE11-203 半直驱海上风机；陆上风电方面，金风科技、海装风电、明阳智能、远景能源、东方电气、三一重能等制造企业均发布了 5~6MW 级的陆上大容量机型。

二是高塔筒技术进一步提升。一批 150~160m 高度塔筒技术相继发布，其中维斯塔斯在河北秦皇岛完成首台 162m 塔筒高度的风电机组吊装工作，金风科技在山东菏泽完成 160m 构架式钢管塔架的应用。

三是超长叶片技术进一步突破。上海电气、明阳智能等企业相继发布 80～90m 长度叶片的机型。

工程勘测设计技术不断进步

陆上风电混合塔架、新型海上风电基础、柔直输电等勘测设计技术取得明显进步。陆上风电 166m 免灌浆干式连接分片预制装配式钢-混组合塔架成功，取得产品设计认证；莆田平海湾海上风电场二期项目成功安装世界首座海上风电桩-桶复合基础；广东阳江一期海上风电项目成功安装首台三桶吸力桶导管架基础，首次将三桶吸力桶导管架基础应用于中国海上风电项目；江苏如东中国首个 ±400kV 柔性直流海上换流站平台三层已经顺利搭载，预计 2021 年年底投产。

施工能力不断提升

陆上风电吊装、海上风电基础施工等方面能力不断提升。风电机组吊装高度突破 170m，可进行 160m 以上超高轮毂高度风电机组的安装与维护；打桩船能够适应所有近海区域及水下 50m 打桩，可满足桩长 105m＋水深、直径 5000mm 施工需求；首台（套）具有完全自主知识产权的 2500kJ 液压打桩锤成功通过国际第三方鉴定，并列装海洋工程施工装备；平海湾海上风电场项目首根超大直径（桩径 6.7m）嵌岩单桩成功植入海底。

风电智慧化进程不断加快

风电行业智能化技术快速发展并落地应用，促进了风电项目的降本增效。风电机组制造企业不断提出创新智能化风电机组，完善数字化、场景化解决方案体系，将智慧化技术与传统风电技术相结合。设计研究单位与开发企业联合打造全生命周期数字化智慧型海上风电场管理平台，推动海上风电行业数字化、智慧化发展；内蒙古霍林河循环经济示范工程风电项目打造多品牌多机型统一化、智能化管理的智慧风电场运营管理平台，实现对 5 个厂家多种机型的统一监控和综合能量管理。

4.6 发展特点

风电并网规模达到阶段性高点

2020 年中国风电新增并网规模 7167 万 kW，创历史新高，其原因如下：

一是受补贴退坡政策影响。陆上风电方面，2020 年年底是 2019 年年底前核准存量项目获取国家补贴的最后并网期限，推动陆上风电进入并网高峰期；海上风电方面，2021 年年底是所有已核准项目获取国家补贴的最后并网期限，推动海上风电进入建设高峰期。

二是国家能源局和电网公司评估了风电、光伏发电新增消纳能力，保障新增风电光伏项目并网消纳。

三是得益于强大的产业链供应能力。以整机制造商为例，年风电机组供货量超过 5000 万 kW。2020 年全球十大风电整机制造商中中国有 7 家，分别是金风科技、远景能源、明阳智能、上海电气、运达股份、中车风电、三一重能。

"三北"地区是风电开发重点

分区域来看，2020 年，"三北"地区风电新增并网装机容量为 4187 万 kW，约占全国的 60%，较 2019 年增加 2959 万 kW；中东部和南方地区风电新增并网装机容量为 2830 万 kW，约占全国的 40%，较 2019 年增加 1484 万 kW，"三北"地区风电并网增量超过中东部和南方地区，全国风电建设布局重新向"三北"地区倾斜，如图 4.12 所示。

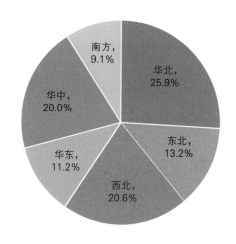

图 4.12　2020 年全国各区域新增并网装机容量占比

全国 9 省（自治区）基于自身资源禀赋、建设条件等优势，风电累计并网规模超过千万千瓦，开发建设水平走在全国前列。9 省（自治区）近三年风电累计并网装机容量变化趋势如图 4.13 所示。

分散式风电出现阶段性回落

分散式项目体量小，建设周期短，经政策激励与技术积累，近几年得到快速发展。2020 年因受集中式风电大规模发展、设备供应及施工安装因素影响，分散式风电出现阶段性回落。2020 年分散式风电新增并网装机容量约 150 万 kW，约占陆上风电新增并网规模的 2%，较 2019 年降低 1 个百分点。

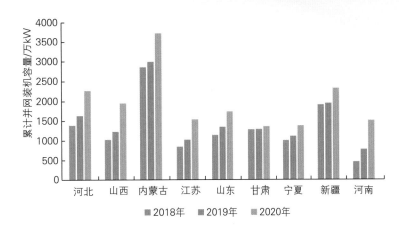

图 4.13 9省（自治区）近三年风电累计并网装机容量变化趋势

风电场延寿市场开启

陆上风电机组设计使用寿命一般为 20 年，2000 年年底中国风电机组累计装机容量约 34 万 kW，2020 年年底这些机组进入退役期。 部分项目通过技改、更新等方式，推进风电场延期运行，提升项目经济性。2020 年，辽宁省发布《辽宁省风电项目建设方案》，支持风电机组技改、更新。 有关技术研究机构和风电开发企业、制造企业编制了《风力发电机组延寿技术规范》（CGC/GF 149：2020），规范与指导风电机组延寿。

风电与生态环境协同发展

为做好风电与生态环境协调发展，2020 年国务院发布《新时代的中国能源发展》白皮书，确立生态优先、绿色发展；生态环境部制定《生态保护红线监管指标体系（试行）》，同步发布 7 项生态保护红线标准，规范和指导风电与生态保护协同发展；中国可再生能源学会制定《风电场绿色评估指标》，对风电场全过程的"绿色程度"进行定性、定量评估，引导风电与生态环境协调发展。

5

太阳能发电

5.1 资源概况

2020 年中国太阳辐照量较常年平均值偏低

中国太阳能辐照分布整体呈现自西北向东南先增加再减少，然后又增加的趋势，如图 5.1 所示。 2020 年，全国陆地表面平均年水平面总辐照量为 5366.9MJ/m²，较常年（2010—2019 年）平均值偏低 1.04%，比 2019 年偏高 1.38%。

按区域统计，2020 年中国东北部太阳辐照量比常年值偏高，东南部比常年值偏低。 按省（自治区、直辖市）统计，河北、内蒙古、天津、西藏、北京、新疆、云南、山西、四川、福建、吉林、陕西、广东 13 个省（自治区、直辖市）水平面总辐照量距平百分率接近于常年；辽宁、黑龙江较常年平均值偏大（距平百分率为 2%～5%）；其他地区偏小（距平百分率为 －5%～－2%），其中，浙江明显偏小（距平百分率为 －10%～－5%）。

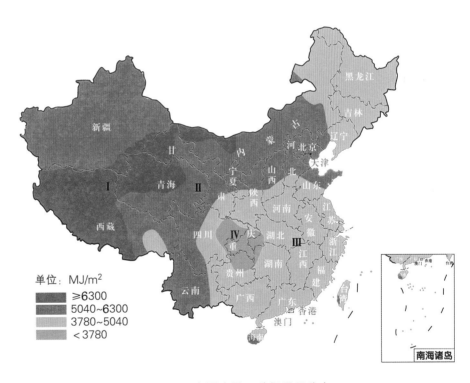

图 5.1　中国水平面总辐照量分布

5.2 发展现状

装机规模大幅增长

2020 年太阳能发电新增装机容量 4869 万 kW，其中光伏发电新增装机容量 4859 万 kW，光热发电新增装机容量 10 万 kW。 相较 2019 年，光伏发电新增装机容量同比增长 61.4%，其中，集中式光伏电站新增

2020 年中国太阳能发电
累计装机容量达到

25343 万 kW

占全国电源总装机容量的

11.5%

装机容量 3268 万 kW，同比增长 82.5%；分布式光伏新增装机容量 1591
万 kW，同比增长 30.4%。

2020 年中国太阳能发电累计装机容量达到 25343 万 kW，其中，光
伏发电累计装机容量 25289 万 kW，光热发电累计装机容量 54 万 kW。
太阳能发电累计装机容量同比增长 23.8%。 其中，集中式光伏电站累
计装机容量 17470 万 kW，同比增长 23.3%；分布式光伏累计装机容量
7819 万 kW，同比增长 24.8%。 2011—2020 年中国光伏发电装机容量变
化趋势如图 5.2 所示。 太阳能发电累计装机容量占全国电源总装机容量
的 11.5%，同比提高 1.3 个百分点。 光伏发电全年新增和累计装机容量
继续保持世界首位。

图 5.2　2011—2020 年中国光伏发电装机容量变化趋势

太阳能热发电累计装机容量达 54 万 kW，其中首批示范项目建成 45
万 kW。 2018 年年底前并网的中广核德令哈槽式、首航敦煌塔式、中控
德令哈塔式已于 2020 年获批 1.15 元电价。

发电量持续提升

太阳能发电占全国电源总发电量比重稳步提升。 2020 年，中国
太阳能发电量达 2611 亿 kW·h，同比增长 16.4%，占全部电源总年发电
量的 3.4%，较 2019 年提升 0.3 个百分点，2011—2020 年中国太阳能发
电量变化趋势如图 5.3 所示。

产业规模保持快速增长

2020 年，中国光伏产业在国内外市场的推动下，保持快速增长势

2020 年，中国太阳能
发电量达

2611 亿 kW·h

同比增长

16.4%

占全部电源总年发电量的

3.4%

图 5.3　2011—2020 年中国太阳能发电量变化趋势

头。 多晶硅产量为 39.6 万 t，同比增长 15.8%；硅片产量为 161.4GW，同比增长 19.8%；电池片产量为 134.8GW，同比增长 22.2%；组件产量为 124.6GW，同比增长 26.4%。

上网电价进一步降低

2020 年光伏发电国家补贴竞价项目上网电价保持较大降幅。 Ⅰ～Ⅲ类资源区，普通光伏电站平均电价降幅分别为 0.0739 元/（kW·h）、0.1164 元/（kW·h）和 0.0737 元/（kW·h），Ⅰ类资源区自发自用、余电上网分布式项目平均电价降幅为 0.02 元/（kW·h）。

2020 年，青海海南藏族自治州一光伏发电竞价项目中标电价达到 0.2427 元/（kW·h），创全国光伏发电项目中标电价新低。

5.3
投资建设

2020 年中国光伏发电新增总投资约
1842 亿元

2020 年，中国光伏电站平均单位千瓦造价约
3990 元

总投资规模同比大幅增长

2020 年中国光伏发电新增总投资约 1842 亿元，其中地面光伏电站新增投资约 1304 亿元，分布式光伏新增投资约 538 亿元。 受装机规模增长拉动，2020 年新增投资规模较 2019 年增长约 39.5%。

单位千瓦造价持续较快下降

2020 年受疫情及供需影响，硅料、EVA、光伏玻璃等原材料价格年内出现较大波动，导致下游光伏产品价格出现阶段性较大幅度涨跌。 随着光伏组件效率与发电功率提升，组件价格整体上仍呈现下降趋势，带动光伏发电工程造价持续下降。 2020 年，中国光伏电站平均单位千瓦造价约 3990 元，同比下降 12.3%，如图 5.4 所示；分布式光伏单位千瓦

造价约 3380 元，同比下降 18.6%。 光伏发电在全国大部分地区具备平价上网条件。

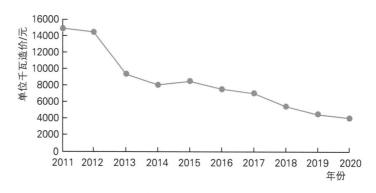

图 5.4 2011—2020 年光伏发电项目单位千瓦造价指标变化趋势

光伏发电系统投资主要由组件、逆变器、支架、电缆等主要设备成本，以及建安工程、土地成本及电网接入成本、前期开发成本、管理费等部分构成。 2020 年，光伏组件成本占总投资的 39%，仍是最主要的构成部分。 非技术成本方面，2020 年土地成本占总投资成本的 5%，如图 5.5 所示。

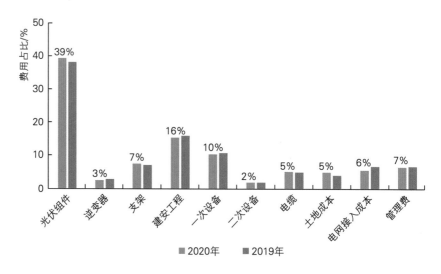

图 5.5 2019 年、2020 年地面光伏发电项目单位千瓦造价构成

5.4
运行消纳

2020 年，中国光伏发电年平均利用小时数达

1160h

年平均利用小时数基本持平

2020 年，中国光伏发电年平均利用小时数达 1160h，与 2019 年基本持平。 分省份看，内蒙古、黑龙江、甘肃、吉林、新疆年平均利用小时数位居全国前列，分别达到 1623h、1516h、1493h、1479h、1446h。 分区域看，东北地区和西北地区小幅增长，其他地区小幅下降，如图 5.6 所示。

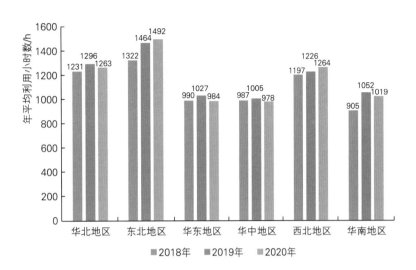

图 5.6　2018—2020 年中国六大区域光伏发电
年平均利用小时数对比

电力消纳保持平稳

2020 年中国光伏发电消纳保持平稳，全年弃光电量 52.6 亿 kW·h，较 2019 年增加 6.6 亿 kW·h，弃光率 2%，与 2019 年持平，如图 5.7 所示。分省份看，2020 年弃光最严重的是西藏自治区和青海省，弃光率分别为 24.4% 和 8%。

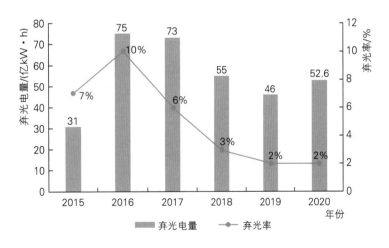

图 5.7　2015—2020 年中国弃光电量和弃光率变化趋势

5.5 技术进步

2020 年中国光伏产业继续在全球保持较强竞争力，在产业政策引导和市场需求驱动的双重作用下，全国光伏产业在多晶硅、硅片、电池片、光伏组件、光伏发电系统、项目建设与运行等环节都实现了持续健

康发展。

生产装备技术提升，多晶硅能耗稳中有降

2020 年，随着生产装备技术提升、系统优化能力提高、生产规模扩大，全国多晶硅企业综合能耗平均值为 11.5kgce/kg‑Si，综合电耗下降至 66.5kW·h/kg‑Si；行业硅耗在 1.1kg/kg‑Si 左右，基本与 2019 年持平。 随着多晶硅工艺技术瓶颈不断突破、工厂自动化水平不断提升，多晶硅工厂的人均年产出由 2019 年的 35t 提高至 36t。

硅片切片厚度与 2019 年基本持平

2020 年，硅片切片平均厚度与 2019 年基本持平。 其中，多晶硅片平均厚度保持在 180μm 左右，P 型单晶硅片平均厚度保持在 175μm 左右，N 型单晶硅片平均厚度小幅降至 168μm 左右。 对于不同光伏电池技术路线，硅片平均厚度呈现差异化发展，用于 TOPCon 电池的 N 型硅片平均厚度为 175μm，用于异质结电池的硅片厚度约为 150μm，用于 IBC 电池的硅片厚度约为 130μm。

单晶硅电池转换效率持续提升，多晶黑硅电池转换效率缓慢增加

2020 年，规模化生产的单晶硅电池均采用 PERC 技术，平均转换效率为 22.8%，较 2019 年提高 0.5 个百分点。 采用 PERC 技术的多晶黑硅电池转换效率达到 20.8%，较 2019 年提高 0.3 个百分点，常规多晶黑硅电池转换效率约 19.4%，小幅提升 0.1 个百分点，如图 5.8 所示。 N 型

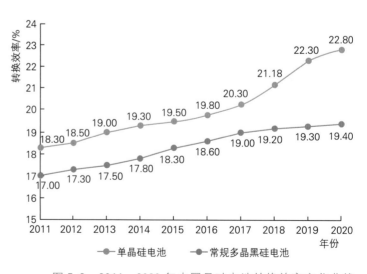

图 5.8　2011—2020 年中国晶硅电池转换效率变化曲线

TOPCon 电池平均转换效率达到 23.5%，异质结电池平均转换效率达到 23.8%，较 2019 年均提升 0.8 个百分点。

薄膜太阳能电池/组件方面，2020 年中国小面积碲化镉（CdTe）电池（小于 1cm²）实验室最高转换效率约 20.2%，铜铟镓硒（CIGS）小电池片（小于等于 1cm² 孔径面积）实验室最高转换效率为 23.2%。

大尺寸光伏组件推进功率进一步提升

2020 年即使受玻璃价格上涨影响，双面组件市场占比仍提高 15.7 个百分点，达到 29.7%。 组件拼接方式方面，半片组件市场占比超全片组件，市场占比达到 71%，同比增加 50.1 个百分点，预计未来所占市场份额将进一步增大。 采用 166mm、182mm、210mm 尺寸 PERC 单晶电池的组件功率已分别达到 450Wp、540Wp、540Wp，TOPCon 电池组件、异质结电池组件可达到 455Wp、460Wp。 未来随着组件技术的进步，各类组件功率预计将以每年 5W 的速度提升。

光热发电新技术步伐加快

超临界二氧化碳布雷顿循环（S–CO₂）发电具有热效率高、经济性好等特点，已作为重要的能源装备发展列入《中国制造 2025——能源装备实施方案》。 2020 年中国多个 S–CO₂ 试验平台取得实质性进展，首台 6MW 超临界二氧化碳透平压缩发电机组完成机械运转试验，超临界二氧化碳布雷顿循环的应用研究不断获得新的突破。

5.6
发展特点

2020 年是中国"十三五"规划收官之年，"十三五"期间中国光伏发电取得快速进步，较好完成规划发展目标，技术不断进步，产业快速升级，发电成本持续下降，有效实现光伏发电发展由政策补贴向平价市场化发展过渡。"碳达峰、碳中和"发展战略对光伏发电等可再生能源"十四五"及中远期发展提出了新目标、新要求，光伏发电迎来良好发展机遇期的同时，也面临着发展模式、价格机制、管理方式等需要全新变革的新要求。

光伏发电产业集中度进一步提升

2020 年，国内光伏制造企业特别是龙头企业进一步加快扩产步伐，并呈现高单体规模的特点。 随着新增产能释放及硅片尺寸的快速迭代，在技术、资金方面处于劣势的中小企业逐渐退出市场，产业集中度进一步提升。 多晶硅、硅片、电池片、组件四个环节，产量排名前五的企业

产量总和在国内总产量中的占比分别为 87.5%、88.1%、53.2% 和 53.2%，同比均提升 10 个百分点以上。 多晶硅环节年产量超过 5 万 t 的企业有 4 家；硅片环节排名前五的企业年产量均超过 10GW；电池片、组件环节年产量超过 10GW 的企业分别为 4 家和 3 家，做大做强的趋势愈加显著。

光伏发电产业链出现阶段性供需矛盾

2020 年，光伏产品价格经历了 V 形起伏过程，光伏产业硅料、光伏玻璃和 EVA 胶膜等部分原辅材料环节出现供需紧张。 上半年，受全球疫情蔓延影响，对下游应用市场未来需求的不确定性导致光伏产业链产品价格大幅降低，各环节价格降幅均在 20% 左右。 下半年，EVA 胶膜、光伏玻璃等受供应量紧缺影响，价格都出现了阶段性的大幅上涨。 全年来看，除多晶硅价格上涨 13.7% 以外，硅片、电池、组件产品价格仍分别下降了 5.7%、6.7%、10.5%，价格长期下降趋势没有改变。

光热发电缓慢增长

2020 年，中国首批光热示范项目新增装机容量 10 万 kW，并网示范项目达 7 个，总装机规模为 45 万 kW，并网项目数量与总装机规模约占示范项目总量的 1/3，示范项目取得一定成效。 但受多因素影响，中国光热发电整体发展较慢：一是持续的电价政策不明朗，影响光热发电行业、投资与建设方的信心；二是建设单位资金不足，融资成本高，影响项目的经济性，造成部分示范项目建设进度缓慢，甚至中止或退出；三是核心技术国产化有待进一步发展，国产关键设备的可靠性有待进一步验证；四是已建光热项目规模小，建设运维经验有待加强积累。

6

生物质能

6.1
资源概况

生物质资源总量约
46.1亿 t

生物质资源总量丰富

生物质能利用形式多元，目前行业内主要的利用方式有发电、供热，制气体燃料（生物天然气、热解气等）、固体燃料、液体燃料（燃料乙醇、生物柴油等）等，使用的生物质资源包括农作物秸秆、林业剩余物、生活垃圾、餐厨垃圾、畜禽养殖粪污和其他有机废弃物等。 中国生物质资源丰富，2020 年生物质资源总量约 46.1 亿 t，其中：农作物秸秆总量约 8.8 亿 t，畜禽养殖粪污约 30.5 亿 t❶，林业剩余物约 3.5 亿 t❷，生活垃圾约 2.4 亿 t，餐厨垃圾约 0.4 亿 t，其他有机废弃物约 0.5 亿 t，生物质资源占比估算如图 6.1 所示。

在地域分布上，中国生物质资源主要集中在中东南部地区，按照单位面积生物质能折合标准煤量分析，农林生物质在河南、山东等省份资源密度高，农林生物质资源密度与分布如图 6.2 所示；生活垃圾、餐厨垃圾则主要集中在上海、北京、广东等省（直辖市），与人口密度密切相关，生活垃圾和餐厨垃圾密度与分布如图 6.3 所示。

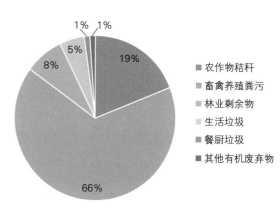

图 6.1 生物质资源占比估算

能源化利用潜力大、开发力度有待提高

根据生物质资源总量、开发转化利用后的能源特性，中国可能源化利用的生物质能总量约 4.6 亿 t 标准煤，其中农作物秸秆约 2.2 亿 t 标准煤，林业剩余物约 1.1 亿 t 标准煤，畜禽养殖粪污、餐厨垃圾等低热值生物质资源经转化加工后可产生的燃气和液体燃料等折合标准煤约 1 亿 t，生活垃圾焚烧发电产生的电量折合标准煤约 0.3 亿 t，生物质能总量构成如图 6.4 所示。

可能源化利用的生物质能总量约
4.6亿 t 标准煤

---

❶ 农作物秸秆、畜禽养殖粪污数据来自农业农村部生物质工程中心。
❷ 林业剩余物包括木材加工剩余物、林下剩余物和果木剩余物等。

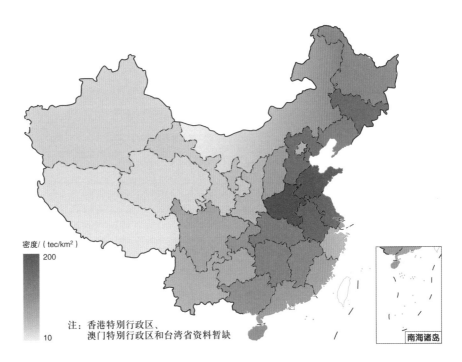

图 6.2　农林生物质资源密度与分布

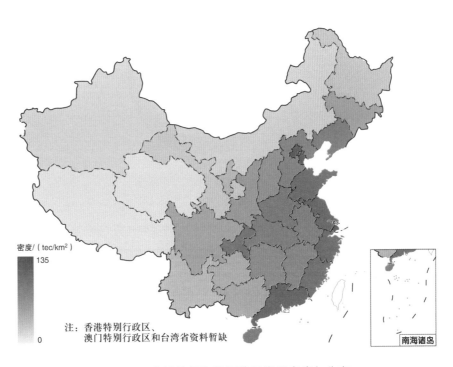

图 6.3　生活垃圾和餐厨垃圾资源密度与分布

2020 年，中国生物质能合计开发利用规模约 5965 万 t 标准煤，占可能源化利用总量的 13%，生物质能开发利用量如图 6.5 所示。生物质能的开发利用，直接减少因化石燃料燃烧产生的二氧化碳约 18798 万 t。其中，生物质发电利用折合标准煤约 4545 万 t，占已开发量的 76.2%；生物天然气利用折合标准煤约 18.6 万 t，占已开发量的 0.3%；生物质固体燃料利用折合标准煤约 1000 万 t，占已开发量的 16.8%；生物质液体燃料利用折合标准煤约 401 万 t，占已开发量的 6.7%，生物质能已开发利用量结构如图 6.6 所示。目前利用率整体偏低，开发力度有待提高。

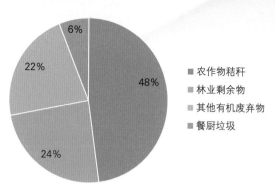

图 6.4　生物质能总量构成图

注：其他包括畜禽养殖粪污、餐厨垃圾等低热值生物质资源经转化加工后可产生的燃气和液体燃料等折合的标准煤量。

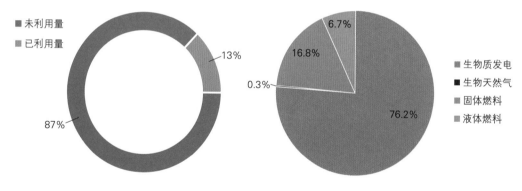

图 6.5　生物质能开发利用量图　　　　　图 6.6　生物质能已开发利用量结构图

6.2 发展现状

截至 2020 年年底，中国生物质发电累计并网装机容量达到
2952 万 kW

生物质发电装机规模大幅增长

截至 2020 年年底，中国生物质发电累计并网装机容量达到 2952 万 kW，同比增长 22.5%，近 5 年平均增长率为 18.2%，保持了较高增速，装机规模连续三年位居全球第一。其中，农林生物质发电累计并网装机容量为 1330 万 kW，较 2019 年增加 217 万 kW，增幅 19.5%；生活垃圾焚烧发电累计并网装机容量为 1533 万 kW，较 2019 年增加 311 万 kW，增幅 25.5%；沼气发电累计并网装机容量为 89 万 kW，较 2019 年增加 14 万 kW，增幅 18.7%。2016—2020 年生物质发电并网装机容量变化趋势

如图 6.7 所示。 受 2020 年补贴政策及并网时限影响，生物质发电装机规模年度增幅显著提高。

其中，农林生物质发电累计并网装机容量为

1330 万 kW

生活垃圾焚烧发电累计并网装机容量为

1533 万 kW

沼气发电累计并网装机容量为

89 万 kW

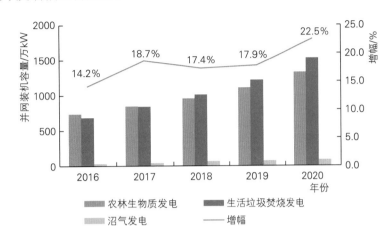

图 6.7　2016—2020 年生物质发电并网装机容量变化趋势

发电量稳步提升

2020 年中国生物质发电年发电量达到 1326 亿 kW·h，较 2019 年增加 19.4%，占全部电源总年发电量的 1.8%，占可再生能源年发电量的 5.0%。 其中，农林生物质发电年发电量为 510 亿 kW·h，同比增长 9%；生活垃圾焚烧发电年发电量为 778 亿 kW·h，同比增长 27.5%；沼气发电年发电量为 38 亿 kW·h，同比增长 15.1%。 2016—2020 年生物质发电年发电量变化趋势如图 6.8 所示。

2020 年中国生物质发电年发电量达到

1326 亿 kW·h

占全部电源总年发电量的

1.8%

占可再生能源年发电量的

5.0%

其中，农林生物质发电年发电量为

510 亿 kW·h

生活垃圾焚烧发电年发电量为

778 亿 kW·h

沼气发电年发电量为

38 亿 kW·h

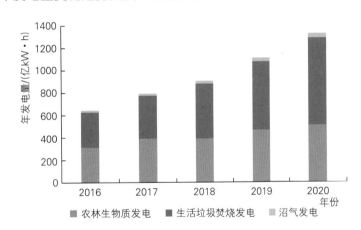

图 6.8　2016—2020 年生物质发电年发电量变化趋势

生活垃圾焚烧发电为主要增长点

生活垃圾焚烧发电在中国发展起步较晚，发展速度较快，到 2017 年前后，生活垃圾焚烧发电总装机规模首次超过农林生物质发电，成为生物

生活垃圾焚烧发电的全国
年平均利用小时数也相对
较高，达到

5854h

占生物质发电总量的

58. 7%

焚烧处理率达到

50. 1%

焚烧处理能力达到

68. 7%

质发电的主要增长点。 2020 年生活垃圾焚烧发电迎来一波暴发式增长，焚烧处理能力较全国垃圾清运总量有大幅提升。 生活垃圾焚烧发电的全国年平均利用小时数也相对较高，达到 5854h，发电量为 778 亿 kW·h，发电量占生物质发电总量的 58.7%。 全国生活垃圾焚烧处理率从 2016 年的 35.2% 提升至 50.1%；焚烧处理能力从 45.8% 提升至 68.7%。 2016—2020 年生活垃圾焚烧处理率与年平均利用小时数如图 6.9 所示，2016—2020 年生活垃圾焚烧处理率变化如图 6.10 所示。

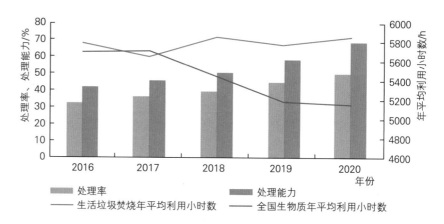

图 6.9　2016—2020 年生活垃圾焚烧处理率与年平均利用小时数

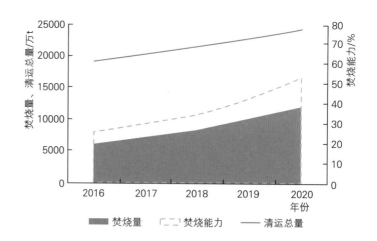

图 6.10　2016—2020 年生活垃圾焚烧处理率变化

非电利用增长迅速，整体规模较小

全国生物天然气累计
年产气规模为

1. 5亿m³

较 2019 年增长

25%

成型燃料年产量

2000万t

较 2019 年增长

11%

截至 2020 年年底，全国生物天然气累计年产气规模为 1.5 亿 m³，较 2019 年增长 25%，增幅较大；生物质清洁供热面积为 3 亿 m²，同比增长 150%；成型燃料年产量 2000 万 t，较 2019 年增长 11%；燃料乙醇年产量 300 万 t，生物柴油年产量 100 万 t，与 2019 年基本持平。 2018—2020 年生物质能非电利用变化趋势如图 6.11 所示。

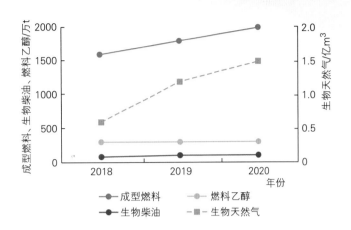

图 6.11 2018—2020 年生物质能非电利用变化趋势

中国非电利用量占
已开发量的
23.8%

相比生物质发电装机规模，非电利用的发展明显滞后。国际生物质能利用先进国家非电利用占比为 50% 左右，中国非电利用量占已开发量的 23.8%，利用结构有待进一步优化。

6.3
投资建设

生物质发电投资大幅增长

2020 年生物质发电总投资 870 亿元，同比增长 71.3%，投资大幅增长。其中，农林生物质发电投资约 200 亿元，占总投资的 23%，同比增长 106%；生活垃圾焚烧发电投资约 640 亿元，占总投资的 74%，同比增长 61%；沼气发电投资约 30 亿元，占总投资的 3%，同比增长 130%。

2020 年生物质发电总投资
870 亿元
同比增长
71.3%

生物质发电单位千瓦造价基本持平

农林生物质发电单位千瓦造价 1 万～1.5 万元，纯发电项目单位千瓦造价约 9000 元，热电联产项目单位千瓦造价约 15000 元，同比基本持平；生活垃圾焚烧发电单位造价 50 万～60 万元/（t·d），个别项目造价达到 80 万～90 万元/（t·d），折合发电装机单位千瓦造价约 14000 元，同比略有增长；热电联产项目单位千瓦造价约 15000 元，同比基本持平。

农林生物质发电
单位千瓦造价
1 万～**1.5** 万元
生活垃圾焚烧发电单位造价
50 万～**60** 万元/（t·d）
项目整体本地化率超过
95%

生物质发电项目主要工艺设备均已实现本地化，部分精密控件、高性能泵阀等多选用进口产品，项目整体本地化率超过 95%，技术成熟，投资造价稳定。

生物天然气总投资大幅增长

2020 年生物天然气总投资约 7.2 亿元，同比增长 49.3%。国内工

国内工艺单位造价约

6000 万元/（万 Nm³·d）

进口工艺单位造价约

9000 万元/（万 Nm³·d）

6.4
运行消纳

2020 年全国生物质发电年平均利用小时数

5151h

较 2019 年减少

30h

农林生物质发电年平均利用小时数

4406h

较 2019 年减少

190h

沼气发电年平均利用小时数

4524h

较 2019 年减少

207h

生活垃圾焚烧发电年平均利用小时数

5854h

较 2019 年增加

77h

艺单位造价约 6000 万元/（万 Nm³·d），生产效率相对较低，基本在 70% 左右。进口工艺单位造价约 9000 万元/（万 Nm³·d），生产效率相对较高，可以达到 95% 以上。净化提纯工艺、精密仪器仪表等依赖进口，工艺过程控制、膜组件、潜污电机等核心技术装备以进口为主，采用进口工艺的项目投资造价水平有进一步下降空间。

生物质发电年平均利用小时数略有减少

2020 年全国生物质发电年平均利用小时数 5151h，较 2019 年减少 30h，下降 0.6%。其中，农林生物质发电、沼气发电下降较多。2020 年农林生物质发电年平均利用小时数 4406h，较 2019 年减少 190h，降幅 4.1%；沼气发电年平均利用小时数 4524h，较 2019 年减少 207h，降幅 4.4%。2020 年生活垃圾焚烧发电年平均利用小时数 5854h，是设计值的 73%，较 2019 年增加 77h，2016—2020 年浮动变化不大，随着生活垃圾焚烧发电项目建设逐渐饱和，焚烧量与焚烧处理能力差距逐步缩小，生活垃圾焚烧发电年平均利用小时数有望进一步提高。2016—2020 年生物质发电年平均利用小时数统计如图 6.12 所示。

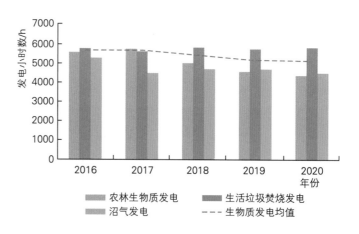

图 6.12　2016—2020 年生物质发电年平均利用小时数统计

生物天然气项目运行基本稳定

生物天然气项目在国内基本形成了以车用压缩天然气（CNG）供应为主，配合工业园区点对点供应的销售模式。运行较好的有河北定州、河北衡水、新疆呼图壁、甘肃张掖、广西隆安、黑龙江宝清等地的生物天然气项目，年运行小时数均在 7000h 以上，实际产气量均能达到设计产能的 80% 以上，个别项目能达到 90% 以上。燃气用户基本稳定，商业模式逐渐成熟，项目经济性有待进一步提高。

工业园区供热拓展生物质能利用途径

生物质锅炉园区供热在国内已有了大量实例经验，广泛应用于造纸、食品加工、医药、装备制造和综合园区等多个领域，用于替代燃煤、燃气锅炉，多数项目已经取得了 5 年以上的稳定运行经验。 单位吉焦供热成本仅次于煤炭，远低于柴油和天然气。 工商业热负荷需求稳定，生物质锅炉园区集中供热基本可以实现独立的商业运行，有效拓展了生物质能的利用空间。

6.5
技术进步

生物质发电锅炉国产技术成熟，效率不断提高

生物质发电主流工艺采用的锅炉主要分水冷振动炉排炉、链条往复式炉排炉、联合炉排炉、循环流化床锅炉等，其中水冷振动炉排炉和循环流化床锅炉性能优越，其市场占有率逐步提高。 与国外同类型设备相比，国产生物质锅炉在多品种秸秆混烧方面优势明显，燃料适应性强，有利于生物质电厂拓宽燃料来源，提高经济性。 生物质锅炉参数不断提升，从中温中压提升到高温超高压，锅炉热效率不断提升。 新增生物质项目多采用热电联产方式，选用抽凝式发电机组，进汽参数达到高温高压，并向高温次高压和高温超高压方向发展，效率不断提高。

生物天然气关键技术加速升级，生产效率逐步提高

生物天然气技术主要分为发酵和提纯两个主要工艺环节。 国内厌氧发酵罐多采用顶搅拌模式，罐体高径比较大，容积略小；国外技术已从针对农业废弃物的湿发酵技术，拓展到利用餐厨垃圾、生活垃圾等高温干式厌氧发酵技术，采用卧式推流厌氧发酵罐，达到连续稳定运行。规模化、工业化生产是生物天然气技术的发展方向，厌氧发酵技术从最初的池容积产气率 0.8 逐步提升至 1.0 以上，并进一步向 1.2 以上提升，生产效率持续提高。

提纯技术方面，国产高压水洗技术适合日产气规模在 10 万 m^3 以上的项目，具有较高经济性。 膜分离法和变压吸附法则有利于日产气规模在 5 万 m^3 以内的项目，适合分布式的发展特点。 变压吸附法对工艺阀件和控制能力有较高的要求；膜分离法中的核心器件"过滤膜"主要由

国外少数企业掌握，提纯工艺核心装备依赖进口，技术本地化进一步加快。

生物质供热锅炉适用范围进一步拓展

根据热负荷需求不同，生物质供热锅炉规模有 7.5 ~ 150kW 的小型户用锅炉，29 ~ 116MW 的大型集中供热锅炉，应用范围进一步扩大。生物质锅炉适用燃料从成型燃料拓展到散料，锅炉热效率进一步提升。质量更优、热值更高、清洁度更好的成型燃料技术将成为生物质供热用燃料的发展重点。

6.6
发展特点

生物质能的环保属性进一步突出

一是生活垃圾处理以焚烧为主的模式基本确立。 2020 年中国人均垃圾清运量 0.5kg/d，和发达国家（地区）相比偏低。 中国将全面推进焚烧处理能力建设，生活垃圾日清运量超过 300t 的地区，要加快发展以焚烧为主的垃圾处理方式，到 2023 年基本实现原生生活垃圾零填埋，以焚烧为主、其他多种方式综合处理生活垃圾的模式基本确立。

二是农林废弃物处理利用体现能源化和环保双重属性。 农林生物质发电、热电联产等项目每年消耗处理超过 1 亿 t 秸秆，在提供清洁电力的同时，对各地的环保作出重要贡献。

农林生物质发电原料收购
在生产成本中占比不小于
65%
生物天然气平均
生产成本为
2.5~2.8 元/Nm³

原料采购是项目生产成本构成的主体

生物质能综合开发利用项目的后期运营是影响项目经济性的主要因素。 在农林生物质发电成本构成中，原料收购在生产成本中占比不小于65%。 非电利用上，国内生物天然气的平均生产成本为 2.5 ~ 2.8 元/Nm³，通过提高生产效率，降低原料收购价格，生物天然气的平均生产成本可下降约 0.5 元/Nm³，原料价格的波动对成本的影响较大。

生物质能助推农村能源革命

生物质资源主要分布于中国农村地区，各地根据自身条件，因地制宜开发生物质能，助推农村能源革命。 其中，全国首个国家级农村能源革命示范县——兰考县，将生物天然气产业与当地畜禽养殖产业相结合，既解决了当地天然气缺口，也解决了大规模集中养殖的粪便污染问题，未来生物天然气将占到兰考县燃气消费比重的 70 % 以上，基本实现本地资源的自给自足。此外，山东省阳信县利用当地秸秆资源，围绕生物质热电联产、生物质锅炉集中供热、生物质户用炉具取暖和秸秆成型燃料加工，做大做强秸秆能源化利用产业，全县 11 万户居民，已有 8 万户用上了生物质供热，全县建成 6 座成型燃料加工站，可实现供给成型燃料为 100 万 t/年，解决了当地清洁供暖改造"缺气少电"的难题。

生物质能向多种利用方式协同发展

生物质能单一技术开发模式规模小、分散、经济性较差，将多种技术集中在一个园区，优势互补，实现能源梯级利用，提高项目经济效益，是未来的发展方向。河南、山东、江苏等地陆续规划建设静脉产业园，将多种固废处理和多品类能源综合利用并举。其中，河南安阳静脉产业园区将生活垃圾焚烧发电、餐厨/污泥/粪便混合厌氧发酵制生物天然气、建筑垃圾分解处理和再生利用等技术集中在同一园区建设。垃圾焚烧发电支持园区内其他项目用电；厌氧发酵生产的生物天然气为垃圾焚烧发电提供助燃剂，为建筑垃圾循环利用提供燃气，产生的沼渣通过垃圾焚烧发电项目协同处理，达到标准的炉渣作为建材原料再利用。

7

地热能

7.1
资源概况

中国 336 个主要城市浅层地热能年可开采资源量折合标准煤

7 亿 t

中国中深层地热能年可开采资源量折合标准煤

18.65 亿 t
（回灌情景下）

全国埋深 3000 ~ 10000m 深层地热基础资源量折合标准煤

856 万亿 t

地热资源禀赋分布

地热资源包括浅层、中深层和深层等 3 种资源类型，中国地热资源丰富。 其中，中国 336 个主要城市浅层地热能年可开采资源量折合标准煤 7 亿 t。 中国中深层地热能年可开采资源量折合标准煤 18.65 亿 t（回灌情景下），全国埋深 3000 ~ 10000m 深层地热基础资源量约为 2.5×10^{25} J，折合标准煤 856 万亿 t。

中国地热资源分布广泛。 其中，浅层地热资源在全国范围内普遍较为丰富，主要分布在北京、天津、河北、山东、江苏、湖南、安徽、上海、陕西等省份。 中国浅层地热资源可采量分布如图 7.1 所示。 中深层地热资源以中低温为主，高温为辅。 中低温型地热资源主要分布在华北、松辽、苏北、江汉、鄂尔多斯、四川等平原（盆地），以及东南沿海、胶东半岛和辽东半岛等山地丘陵地区。 高温型地热资源主要分布于西藏自治区南部、云南省西部、四川省西部和台湾省。 中国中深层地热资源分布如图 7.2 所示。

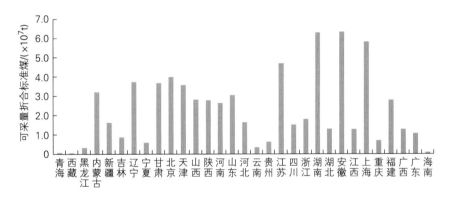

图 7.1　中国浅层地热资源可采量分布图

地热能开发潜力巨大

除深层地热资源外，中国地热资源年可开采资源量折合标准煤 25.65 亿 t，年开采资源量 2500 万 t，开发利用量不足 1%。 中国地热资源年利用量仅占国内能源年消耗总量的 0.6%，开发潜力巨大。 在全国能源消费结构中，地热能利用占比每提高 1 个百分点，相当于替代标准煤 3750 万 t，减排二氧化碳 9400 万 t、二氧化硫 90 万 t、氮氧化物 26 万 t，生态环境效益显著。

图 7.2　中国中深层地热资源分布图

7.2
发展现状

地热资源勘查有序推进

一是雄安新区地热资源勘查取得阶段性成果。 雄安新区浅层地热能可利用资源量折合标准煤 400 万 t/年，能满足约 1 亿 m² 建筑物供暖、制冷需要。 在采灌均衡条件下，中深层地热水可利用资源量为 4 亿 m³/年，折合标准煤 346 万 t/年，可支撑供暖面积超过 1 亿 m²。 二是青海共和盆地干热岩规模化压裂造储取得突破。 实现中国首例干热岩规模化储层建造，实施两眼深度超过 4000m、井底温度超过 200℃的双靶点干热岩定向井。 三是深部地热系统成因理论及模式支撑找热取得新成效。 提出不同构造区水热与岩热相伴生的"同源共生−壳幔生热−构造聚热"的成因理论。 在此理论指导下，相继在雄安新区、东南沿海、江西等地区实现找热突破。

地热供暖制冷规模整体保持增长

2020 年，浅层地源热泵供暖（制冷）建筑面积约 8.58 亿 m²，增长约 2%，位居世界第一。 从北到南，以土壤源热泵为主逐步过渡到地表水源热泵居多，主要分布在北京、天津、河北、辽宁、山东、重庆、湖北、江苏、上海等省（直辖市）的城区，北京市、天津市、河北省开发利用规模较大。

截至 2020 年年底，中国北方地区中深层地热供暖面积累计约 1.52 亿 m²。 其中，河南等地增长较快，形成较大开发利用规模，在散煤替代和实现区域清洁取暖方面发挥了较大作用。 2016—2020 年中国中深层、浅层地热开发利用规模变化趋势如图 7.3 所示。

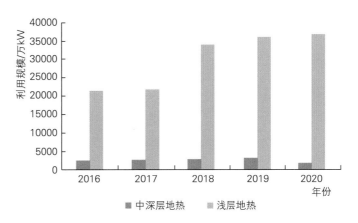

图 7.3　2016—2020 年中国中深层、浅层
地热开发利用规模变化趋势

油田地热开发取得良好进展

国内各大油田进一步加大地热能开发力度。 其中，冀东油田地热总供暖面积 306 万 m²，相当于每年替代标准煤 9.5 万 t，通过地热能开发助力油田降本增效；辽河油田废弃油井实施地热开发井网全面改造，应用地热能进行原油生产伴热，为北方地区油田低温生产节能提供新方向；胜利油田已经完成地热供暖规划。

地热发电项目在积极推进

羊八井地热发电项目二期工程已经启动，正在开展项目地热资源勘查、可行性研究工作，即将开工建设；羊易地热电站开始建设、运营；西藏自治区那曲市古露地热电站项目正式开工，项目计划投资 16.1 亿元；另外，山西等地的地热发电项目也在积极推进。

7.3
投资建设

地热产业投资规模持续增长

中国地热产业投资规模持续增长。"十三五"期间，地热产业拉动直接投资约 4000 亿元，提供近 80 万个就业岗位，并带动了地热全产业链总投资突破 1 万亿元。

关键核心技术创新推动地热供暖制冷成本降低

地热能开发利用的关键核心技术不断取得进展和突破。 一方面，耐 240℃高温的水基钻井液、超高温测温仪、涡轮钻具等研制成功，一批智能化、电驱动的升级换代地热专用钻机陆续推出，为地热资源走向深部勘探奠定了基础。 水平定向钻进、非开挖铺管等技术的日益完善，进一步提高了利用效率，降低了开采成本。 另一方面，随着高效换热、中高温热泵技术突破和装备研发制造的进步，有效降低了地热供暖制冷成本。

地热发电成本有待进一步降低

地热发电成本主要取决于电站设备、地热井、地热流体输送及地热资源开采等的费用。 根据国际可再生能源署对全球地热能发电成本的研究，2007—2019 年全球地热发电平准化度电成本（LCOE）在 0.05～0.08 美元/（kW·h）。 2016 年以后，地热发电的平均 LCOE 相对稳定，平均值为 0.072 美元/（kW·h）。 按 2020 年美元计价，平均 LCOE 指标为人民币 0.4722 元/（kW·h）。

7.4
运行消纳

地热发电利用小时数保持较高水平

地热发电不受季节和昼夜变化的影响，系统运行稳定，利用率高，地热发电利用系数可达 74% 以上。 从运行趋势来看，地热电站的平均容量系数通常为 80%～90%，年平均利用小时数为 7000h 以上。 以西藏羊八井和羊易地区地热发电项目为例，1kW 的地热发电装机年平均利用可达 7884h，地热发电年平均利用小时数保持在较高水平。

7.5
技术进步

2020 年，在资源勘查及信息化建设、浅层地热能开发和中深层井下换热技术研发等领域，地热行业取得多项科技成果和技术突破。

地热资源信息化建设迈上新台阶

2020 年，中国大地热流数据库上线。 数据库包括大地热流、岩石热物性参数、测温曲线等内容，汇编并发表了 1230 个大地热流数据；"地热计算器"软件发布，包括井间距优化、资源评价及浅层地热等模块，旨在简化数值模拟在地热领域工程应用中的难度；地热资源信息服务专题上线"地质云"并正式运行，整合了全国、各省（自治区、直辖市）及重点城市等不同尺度、不同类型的地热资源信息。

科研攻关获得多项创新成果

2020 年，中国地热行业加强科研攻关，在地热资源勘查探测、浅层地热能开发等领域获得多项创新性科技成果。

（1）"地热资源勘查评价理论技术创新与应用"项目创新发展了地热资源探测评价技术，基本摸清中国地热资源家底，支撑近年来地热勘查评价实践与产业化快速发展；"地热资源探测理论技术突破与清洁供暖产业化应用"项目形成热储聚热理论，实现地热勘查技术突破。

（2）"浅层地热能高效可持续开发关键技术及应用"项目创新了理论、装备与评估方法，突破中国城市建筑密集的浅层地热开发制约，实现浅层地热资源规模化、高效可持续开发；"夏热冬冷环境浅层地热能开发关键技术与应用"项目聚焦"成热规律、资源评价、热能交换、高效开发"与夏热冬冷气候环境耦合的关键科学问题，形成夏热冬冷环境浅层地热能资源基础数据与开发应用技术。

井下换热技术研发取得新进展

"超长重力热管取热试验"在唐山海港经济开发区取得关键技术突破。该新型地热资源开采技术高效、稳定、运行成本低，将有效推进中深层地热能的创新发展。陕西省发布中深层井下换热地方工程建设标准《中深层地热地埋管供热系统应用技术规程》(DBJ 61/T 166—2020)，规范和指导井下换热工程应用。

7.6
发展特点

地热能开发利用呈多元化发展

依据地热资源禀赋分布和市场需求，浅层地热供暖制冷在国内全面铺开，特别是在长江中下游地区、粤港澳大湾区得到快速发展；中深层地热供暖持续增长，初步形成河北省雄安新区、河南省地热供暖城市群；地热发电稳步推进，装机容量进一步提高；积极探索深层地热能开发利用。

各地因地制宜，加强综合利用，攻关干热岩开发技术，创建龙头企业带动、示范工程先行的地热产业运行模式，最终形成以地热产业能源化利用为主线，浅层、中深层及深层开发利用并举的多元化发展格局。

重点工程建设提升行业发展质量

2020 年，涌现出一批地热重点工程，提升行业整体发展质量。 一是北京城市副中心地热"两能"（浅层地热能、中深层地热能）项目率先创建全国"近零碳排放区"示范工程。"两能"项目已为 150 万 m² 建筑物提供供暖制冷和生活热水。 1 号、2 号能源站建成后每年可为城市副中心节约标准煤 2.2 万 t，减少二氧化碳排放 4.8 万 t，有效改善超大城市环境空气质量。 二是成都市加大对浅层地热能开发利用试点示范项目支持。 全市已建成 17 个、总建筑面积约 130 万 m² 地源热泵系统示范建筑项目，每年可开发利用浅层地热能折合标准煤约 10000t，减少二氧化碳排放约 8600t。 三是湖北省首个江水源热泵供暖制冷项目在武汉市开工建设。 该项目以长江水作为冷热源，建成后可满足汉口滨江商务区 210.85 万 m² 建筑物的全年供暖制冷需求。

基础研究、工程应用方面迈出实质性步伐

2020 年，地热综合开发利用联合工程研究中心、中低温地热磁悬浮发电研究中心、严寒区域地热清洁能源应用联合创新研究中心等国内多家地热能研发机构相继组建，推进中国地热在基础研究、工程应用等方面迈出实质性步伐。

8

新型储能

8.1
发展现状

新型储能概述

储能技术是通过装置或介质将能量储存起来以便需要时利用的技术。储能技术本身不产生能量，不是一次能源技术。按照能量的存储转化方式，储能技术可以分为四大类：机械储能、电化学储能、电气储能和热储能。机械储能包括抽水蓄能、压缩空气储能和飞轮储能；电化学储能主要指各种二次电池，有铅酸电池、锂离子电池、液流电池和钠硫电池等；电气储能包括超级电容器、超导储能等；热储能包括相变储热和热化学储热等。

抽水蓄能技术已在电力系统中应用 100 多年，目前仍是全球和中国储能的主体。集中式熔融盐储热与太阳能热发电技术和项目开发建设密切相关，主要是指太阳能热发电项目，其发展情况在太阳能发电章节介绍。本报告所述的新型储能是指除抽水蓄能以外的其他储电技术。

装机规模快速增加

截至 2020 年年底，中国新型储能累计装机规模约

328 万 kW

近年来中国新型储能装机规模快速增加，2020 年新增投运新型储能装机规模 156 万 kW，新增规模首次突破百万千瓦，是 2019 年新增的 2.4 倍。截至 2020 年年底，中国新型储能累计装机规模约 328 万 kW。2014—2020 年新型储能装机规模变化情况如图 8.1 所示。

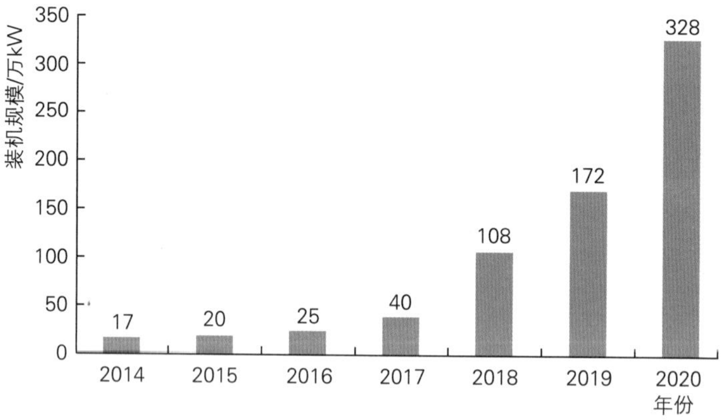

图 8.1　2014—2020 年新型储能装机规模变化情况

新型储能以电化学储能为主

截至 2020 年年底，中国已投运新型储能项目中，99.4% 为电化学储能，压缩空气储能、飞轮储能、超级电容器和超导储能合计占比不

足 1%。各类电化学储能中，锂离子电池占电化学储能累计装机容量的 88.8%；铅蓄电池占比从 2019 年的 17.8% 下降至 2020 年的 10.2%。

压缩空气储能处于示范应用阶段，截至 2020 年年底，累计投运装机容量 11MW；小微型飞轮储能早期主要作为医院、军事等不间断电源（UPS），2019 年兆瓦级飞轮储能装置商业应用取得突破后，在调频等领域迎来更多关注；超级电容器和超导储能更多被用作系统装置的部件或元器件，尚未纳入储能项目统计体系。

江苏省累计装机最多，广东省新增装机居首

截至 2020 年年底，中国所有省（自治区、直辖市）均有电化学储能项目投运，累计装机规模排名前五位的分别是江苏、广东、青海、安徽、河南等省份，其总和约占全国累计装机规模的 58%，其中江苏省累计装机规模最大，为 635.8MW，占比 19%。

2020 年，中国新增投运的电化学储能项目分布在 29 个省份（含香港特别行政区、澳门特别行政区和台湾省），装机规模排名前十位的分别是广东、青海、江苏、安徽、山东、西藏、甘肃、内蒙古、浙江和新疆，这 10 个省（自治区）的新增规模合计占 2020 年全国新增总规模的 86%。其中，广东省新增装机规模最大，为 292.3MW，占比 19%。

电源侧储能装机规模快速增长

以电化学储能为主的新型储能应用场景不断拓展，在新能源并网、电动汽车、智能电网、微电网、分布式能源系统、家庭储能系统、无电地区供电工程等不同应用场景下，都取得一定的进展。

在电力发、输、用环节，新型储能应用可分为电源侧储能、用户侧储能和电网侧（输配变电）储能三大类场景。2020 年，中国电源侧储能项目累计装机规模达到 1554.6MW，约占电化学储能累计装机规模的 48%；用户侧储能累计装机规模约 1130.4MW；电网侧储能位居第三。2020 年，新增投运的电化学储能项目中，电源侧储能新增装机规模达到 988.7MW，占比接近 63%，较 2019 年增长 322%。用户侧、电网侧新增并网规模分列二、三位。

今后应总结新型储能各类应用场景的实际应用效果，研究优化储能配置方案，不断提升电力系统消纳新能源的能力和系统经济性。

8.2
投资建设

储能项目初始投资成本包括设备及安装成本、建筑工程成本、其他费用等，成本构成因储能技术路线、应用场景、安装方式、接入方式等而异。商业化主流的锂离子电池和液流电池，其项目成本构成差别较大。

锂离子电池储能项目建设成本快速下降

2020年年初，中国锂离子电池储能项目成本约1900元/kWh，随着更多厂商进入储能领域，竞争日趋激烈，成本不断走低。到2020年年底，锂离子电池储能系统成本降至1500元/kWh左右，最低中标价为1060元/kWh。

锂离子电池储能系统由电池组、电池管理系统（BMS）、能量管理系统（EMS）、储能变流器（PCS）和其他辅助设备设施构成。以2h典型锂离子电池储能系统为例，电池组约占储能系统成本的60%；电池管理系统主要负责电池的监测、评估、保护以及均衡等，约占储能系统成本的5%；能量管理系统负责数据采集、网络监控和能量调度等，约占储能系统成本的10%；储能变流器控制储能电池组的充电和放电，约占储能系统成本的20%；其他辅助设备设施约占总成本的5%。2h典型锂离子电池储能系统成本构成如图8.2所示。

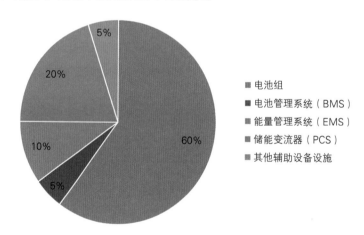

图 8.2 2h典型锂离子电池储能系统成本构成

因建筑消防安全要求，近两年新建电池储能项目基本采用集装箱式安装，建筑工程量小。以集装箱式磷酸铁锂电池独立储能项目为例，包括储能系统、汇流设备、变压设施等在内的设备及安装成本约占项目建设成本的90%，建筑工程及其他费用约占10%。电源侧储能项目可与其他电源共用升压站，降低相应建设成本；用户侧储能项目规模较小，无需汇流和升压设施，建设成本可进一步降低。

液流储能项目建设成本有较大下降空间

2020 年年底，国内兆瓦级 4 小时配置的全钒液流电池储能项目成本约 3000～3500 元/kWh，高于锂离子电池储能项目成本。因液流储能系统中钒电解液可以实现 100% 回收利用，可通过电解液租赁等商业模式降低项目成本。按照电解液钒 11 万/t 价格计，通过电解液租赁的模式，兆瓦级 4 小时配置的全钒液流电池储能系统初始投资成本可降至 1500 元/kWh 左右，具备较大下降空间。

液流电池储能系统由电解液－储液罐模块和电极电堆模块组成的液流电池单元以及常规的能量管理系统、储能变流器和其他辅助设备设施构成。典型 4 小时全钒液流电池储能系统中，液流电池单元占系统成本的 88% 左右。其中，电解液是电能的储存载体，电解液的储量和浓度决定储能系统容量，占系统成本的 55% 左右；储液罐系统包括电解液储罐、泵系统、冷水机组和氮气机组等，占系统成本的 8% 左右；电极电堆模块是化学能/电能转化的场所，决定储能系统的输出功率，占系统成本的 25% 左右。能量管理系统、储能变流设备及其他辅助设备设施共占系统成本的 12% 左右。典型 4 小时全钒液流电池储能系统成本构成如图 8.3 所示。

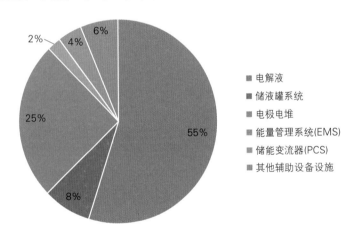

图 8.3　典型 4 小时全钒液流电池储能系统成本构成

液流电池储能系统可采用集装箱式产品和室内产品两种方式。集装箱式产品建筑工程量小、现场工作难度低，适用于小容量项目快速建设；10MW 及以上长时间、大容量的液流储能系统，应用室内产品更有利于降本增效。采用室内产品设计的 20MW/100MWh 全钒液流独立储能项目，包括液流电池储能系统、汇流设备、变压设备等在内的设备及安装成本通常占项目初始投资成本的 80% 左右，建筑工程及其他费用占比 20% 左右。

8.3
技术进步

电化学储能技术持续向大容量、长寿命方向发展

采用全寿命周期阳极补锂技术，满足超长寿命要求的储能专用磷酸铁锂电池实现规模化量产，电池循环寿命达到 10000 次以上；通过电芯技术和结构设计优化，采用扁平形电芯、阵列式排布的磷酸铁锂电池技术较传统电池体积比能量密度提升 50%；年产 10GWh 的全固态电解质锂电池项目投产，高质量比能量密度、高体积比能量密度、高安全性的固态锂电池研发力度加大。采用可焊接多孔离子传导膜的新一代低成本、高功率全钒液流电池电堆已研发；高安全、高环保的水系锂基、锌基、钠基电池研究不断突破，首个百千瓦时级水系电池储能项目并网运行。

其他新型储能技术有所突破

压缩空气储能向大规模、低成本应用方向发展。基于先进超临界压缩空气储能技术、利用液态空气存储提高储能密度、利用压缩热回收提高系统效率的百兆瓦膨胀机，已完成首台（套）的加工、集成与性能测试。飞轮储能在实现兆瓦级商业应用突破后，开始从 UPS 备用电源领域转向更多地参与到储能项目中。

8.4
发展特点

储能跨界融合发展趋势显现

2020 年，20 个省份的地方政府和电网企业提出集中式新能源＋储能配套发展激励政策，储能对新能源规模化发展的作用逐步形成共识。储能对电力系统安全稳定运行的作用开始显现，并探索储能在提升发电侧黑启动和重要电力用户应急备用的应用。随着 5G 通信、数据中心、新能源汽车充电站等新基础设施建设加速，各地利用价格政策和财政支持政策引导"综合能源站"建设，储能在用户侧的跨领域应用进一步拓展。

储能逐步参与电力市场

2020 年，依净负荷确定峰谷电价的思路初步形成共识，储能项目充放电策略进一步优化，用户侧储能经济性有一定提升。另外，各区域和地方电力市场明确了第三方主体和用户资源参与辅助服务的基本条件，提出辅助服务成本逐步向用户传导的发展思路，有效推进储能逐步参与辅助服务市场。

储能发展新模式崭露头角

随着新型储能细分应用，新模式不断出现：一是部分省份推出共享储能模式，明确储能的独立主体身份；二是部分省份在储能项目中采用租赁模式；三是第三方公司以代理运营商模式，通过一个中央控制室，将分散式储能系统、充电桩集合起来，参与电网服务，获取收益。 多种模式的探索和实践，将为优化储能配置方案、有效推进储能多重应用价值叠加和提升项目盈利能力积累经验。

9

氢能

9.1
发展现状

氢能是一种无污染、来源广、效率高、应用场景丰富的二次能源。当前，中国氢能产业处于商业化发展初期，国家高度重视产业发展，地方政府加快建设布局，投资热度持续升温。氢能产业链逐步完善，上、中、下游产业集群已显雏形。氢能及燃料电池相关技术和基础研究取得了积极进展，但在关键材料和核心部件方面有待提高。

可再生能源规模化制氢开始起步

中国具有较好的氢气供给经验和产业基础，是世界上最大的制氢国家。2020 年中国制氢产能约 2500 万 t，同比增长 8.7%，如图 9.1 所示。

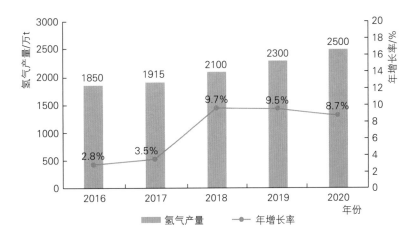

图 9.1　2016—2020 年中国氢气产量及变化趋势

伴随着中国可再生能源发展规模的不断壮大，规模化制氢也开始起步。目前，中国氢气制取以化石能源制氢、工业副产氢为主，各种制氢方式占比如图 9.2 所示。中国是全球第一大可再生能源发电国家，电解

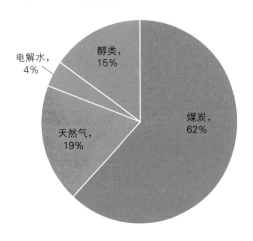

图 9.2　中国各种制氢方式占比

水制氢产业具备发展基础。其中,碱性电解水制氢技术趋于成熟,居市场主导地位;质子交换膜电解水制氢技术开始产业转化和示范,有望实现大规模工业化应用;固态氧化物电解水技术处于研发阶段。

高压气态储氢应用广泛,气态是当前主要输氢方式

高压气态储氢技术在中国发展成熟,应用广泛。氢气储存装置包括固定储氢罐、长管气瓶及长管管束、钢瓶和钢瓶组、车载储氢气瓶等。其中,中国在固定储氢罐研发方面取得显著成果,成功研制出全多层高压储氢罐,相关技术指标达到国际领先水平,如图 9.3 所示;45MPa长管气瓶组及长管拖车已经开始制造,并在一些制氢工厂、用氢企业和加氢站安装、运行,如图 9.4 所示;车载储氢瓶朝着"轻量化、高压化、国产化、低成本化"方向发展。此外,液态氢储罐和液态氢拖车已被制造并在航天等领域实现应用。

图 9.3　全多层高压储氢罐

图 9.4　长管氢气瓶组

氢气输运以长管拖车运输高压气态氢为主,低温液态输氢方式为辅。高压长管拖车是中国氢气近距离运输的主要形式,技术相对成熟。中国 20MPa 长管拖车较普遍,单车运输量 300kg;液氢在中国航天领域有少量实际应用,民用液氢市场处于初期阶段;中国现有纯氢输送管道总里程与欧美国家规模相比明显滞后;天然气管道掺氢技术尚处于起步阶段。

加氢站建设布局明显加快,油氢合建站逐渐成为主流运营模式

中国加快开展加氢网络建设,加氢站规模已经位居全球第二。截至 2020 年年底,全国累计建成加氢站共 128 座,其中,2020 年新建 59

座。 2006—2020 年中国加氢站建成数量分布如图 9.5 所示。 在技术层面，中国 35MPa 加氢站技术趋于成熟，开始主攻 70MPa 加氢站技术，加氢能力逐渐由 500kg/d 向 1000kg/d 提升。

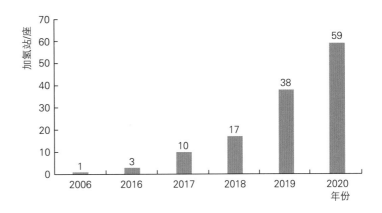

图 9.5　2006—2020 年中国加氢站建成数量分布

2019 年，建成加氢站中油氢合建加氢站占比为 17.9%；2020 年，油氢合建加氢站比例达到 50% 左右，油氢合建加氢站成为加氢站主流运营模式。

燃料电池引领氢能多元化开发应用

燃料电池产业在开拓氢能新应用场景上取得明显成效，引领氢能应用从单一的公交领域拓展到港口、冷链、矿区、重卡、船舶等多元化场景，夯实了产业快速发展的基础条件。

在非道路交通、储能和工业脱碳等领域，氢能正积极开展应用探索。 其中，在重型工程机械、船舶和无人机等领域，氢能已有项目和技术储备，有望推动商业化应用；在储能领域，氢能兼具清洁二次能源与高效储能载体的双重角色，是实现可再生能源大规模跨季节储存、运输的有效解决方案；在工业领域，氢能冶金、绿氢化工和天然气管道掺氢不仅是主要应用场景，也是工业深度脱碳的重要实现路径。

氢能安全研究滞后产业发展需要

近年来，中国陆续开展了材料高压氢相容性、高压氢气泄漏扩散、氢气瓶耐火性能、氢气快充温升、快速充放氢疲劳、量化风险评估、失效预测预防、高压氢喷射火、氢爆燃爆轰、氢泄爆、氢阻火等氢能安全研究，积累了一定经验，但总体上中国氢能安全检测能力和保障技术滞后产业发展需要，缺乏第三方实验室，与国际先进水平相比仍有不小差距。

9.2
投资建设

降低电价成本、提高转化效率是可再生能源制氢实现规模化的关键

可再生能源电解水制氢是获取"绿氢"的最佳途径。 在电价 0.1~0.6 元/（kW·h）的条件下，碱性、质子交换膜电解水的制氢成本分别达到 9.2~40 元/kg、20.5~48.5 元/kg，其电价成本占到制氢总成本的 80% 以上。 中国可再生能源电解水制氢产业处于示范阶段，尚未具备规模化经济效益。 从目前中国部分地区光伏招标电价来看，可再生能源制取"绿氢"已初显市场竞争力。 降低电价成本、提高能源转化效率是今后可再生能源制氢规模化发展的关键。

长距离、大规模氢气运输技术经济性有待提高

20MPa 高压气氢拖车运氢方式在加氢站日需求量 500kg 以下、储运距离 200~800km 的储运成本为 9.3~22.4 元/kg，经济性较好。 当用氢规模扩大、运输距离增长后，通过提高气氢运输压力或采用液氢槽车、输氢管道等运输方案才能满足高效经济的要求。 在现有技术条件下，储运距离 200~1500km，液氢槽车的储运成本为 20.3~22.7 元/kg。 其中，氢气液化过程能耗和固定投资较大，其成本占到整个液氢储运环节 90% 以上。 基于设备的规模效应和技术升级，氢气液化能耗和设备成本有较大下降空间，今后采用液氢槽车运氢在长距离大规模储运方面将具有较强竞争力。

加氢站关键设备成本亟待降低，商业盈利模式需要探索

加氢站的主要设施包括储氢装置、压缩设备、加注设备和站控系统等。 中国 35MPa 加氢站的建设成本相对较低，介于 200 万~250 万美元之间，其成本构成如图 9.6 所示。 其中，压缩设备成本最高，约占总成本的 30%，今后应加快以工业氢气压缩机为代表的关键设备的国产化进程，降低核心设备和关键零部件进口率，带动加氢站建设成本下降，推进产业较好发展。 由于氢气供给不足、加氢车辆偏少等，加氢站运营多处于亏损状态，在市场实践中需要进一步探索加氢站商业可持续盈利模式。

燃料电池成本降幅较大，产品经济性显著提升

2020 年，包括膜电极、双极板、燃料电池电堆、氢气循环泵、空气

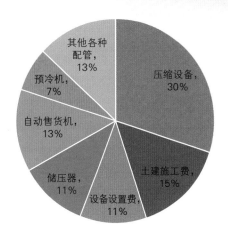

图 9.6　中国 35MPa 加氢站的建设成本构成

压缩机在内的燃料电池核心零部件价格比 2019 年下降 20%～50%，产品经济性显著提升。 随着燃料电池实现技术自主化和产业规模化，其制造成本进一步下降，成本优势将持续扩大。

9.3
技术进步

2020 年，国内氢能基础研究接近国际先进水平，氢能产业在可再生能源制氢技术、氢气液态储运研发和燃料电池核心材料及关键部件自主化、国产化方面，取得积极进展和明显成效。

氢能基础研究接近国际先进水平

在制氢技术方面，中国已拥有大规模煤制氢、天然气制氢、甲醇制氢的工程技术集成能力，掌握了氢气液化关键技术，具备碱性电解水设备制造、工艺集成能力；在加氢站方面，中国具有自主研发生产 35MPa 加氢机能力，完成了 70MPa 加氢机实验样机开发；在氢气压缩机方面，中国具备 45MPa 小流量自主研发制造能力，拥有 87.5MPa 压力试验样机；中国燃料电池技术处于应用示范阶段，与国际领先水平有一定差距；中国氢能安全具备一定技术基础。

可再生能源制氢技术不断创新

中国可再生能源制氢产业处于示范阶段。 随着制氢度电成本的逐步下降，中国将有效推进电解水制氢技术的规模化应用。 其中，碱液电解槽制氢技术成熟度、商业化程度优于其他电解制氢技术，当前 10MW 级可再生能源制氢示范项目以碱液电解槽技术为主；与碱液电解槽制氢技术相比，质子交换膜电解水制氢技术暂不具备成本优势，但更适应可再生能源的波动性，技术含量较高，代表了未来技术发展的方向，吸引

了国内外大量公司和机构参与研发和生产。

储氢技术取得初步进展，氢气低温液态储运研发积极跟进，固体储氢技术发展潜力较大

安全、高效的储运氢技术是氢能规模化应用的关键。其中，氢气低温液化费用高，约占液氢制取成本的 1/3，低温液态储氢降低成本技术研发正在积极跟进；有机液体储氢技术仍处于研发阶段，尚存在技术要求苛刻、成本昂贵、脱氢效率低且易结焦失活等缺点；固态储氢方式是最具发展潜力的一种储氢方式，能有效克服高压气态和低温液态储氢方式的不足。目前，金属氢化物储氢仍处于研究阶段，尚未实现商业化应用。

燃料电池汽车技术初步成熟

燃料电池汽车技术主要体现在续航里程、充能时间、能量密度、环保特性等方面，技术初步成熟。中国基本掌握了电堆与关键材料、动力系统与核心部件、整车集成等技术，部分关键技术已接近国际先进水平，但产业化、工程化滞后，总体水平仍落后于世界氢能先进国家。

燃料电池核心材料及关键部件自主化、国产化进程加速

燃料电池核心材料和关键部件自主化技术快速进步。其中，在燃料电池膜电极、催化剂、质子交换膜、气体扩散层等核心材料自主化方面取得突破，在金属板电堆关键部件、大功率和批量生产工艺等方面获得明显成效，有力助推了产业发展。另外，在催化剂、质子交换膜、气体扩散层等关键材料方面，预计 2021 年催化剂、质子交换膜开始国产批量化投产应用，2022 年气体扩散层实现投产，其国产化进程加快。

9.4
发展特点

氢能产业链条逐步健全

中国已初步形成从基础研究、技术应用到示范应用的全方位格局，氢能产业链逐步延伸到制氢、储氢、运氢、加氢、燃料电池核心部件研发、氢燃料电池汽车以及配套产业等环节，逐步形成了完整的氢能产业链。此外，氢能产业示范园和氢能小镇在各地不断建设，相关产业配套和商业化应用体系也在逐渐探索和完善。

氢能产业集群已显雏形

中国氢能产业已初步形成"东西南北中"五大发展区域：东部区域以上海市、江苏省和山东省为代表，是燃料电池汽车研发与示范较早地区；西部区域以四川省为代表，是可再生能源制氢和燃料电池电堆研发的重要地区；南部区域以广东省佛山市、云浮市为代表，是燃料电池车大规模示范和加氢网络规划较成熟地区；北部区域以北京市、河北省和辽宁省为代表，是较早开展燃料电池电堆和关键零部件研发的地区；中部区域以湖北省和河南省为代表，是燃料电池重要零部件研发和客车大规模示范地区。中国氢能产业集群已显雏形，氢能产业集群示意如图 9.7 所示。

图 9.7　中国氢能产业集群示意图

地方政府重视和支持氢能发展

2020 年，各省（自治区、直辖市）、地级市、县（区）纷纷发布氢能产业发展规划。从产业产值、加氢站建设、燃料电池汽车推广、固定式发电应用、企业培育等方面提出了发展目标和行动计划，并配置车辆购置补贴、氢气补贴、加氢站建设补贴等不同程度的扶持措施。另外，全国有近 20 个城市群积极申报国家燃料电池汽车示范，多地掀起氢能产业发展热潮。

氢能重大项目不断涌现

一是可再生能源制氢大型示范项目陆续开工建设。 宁夏开工建设太阳能电解水制氢储能及综合应用示范项目，该项目是大型国产制氢设备的首次大规模实证应用，将实现制氢与现代煤化工的有效整合；吉林白城洮北风电场完成国内最大非并网风电动态电解制氢工业示范项目投运，项目将制氢系统负荷区间从原有的 40% ～ 100% 拓宽至 30% ～ 105% 额定功率，属国内领先水平。 二是开展大型氢能基础设施建设。 全球日最大加氢量 4.8t 的加氢站将在北京投入使用。 三是加大燃料电池汽车核心装备的生产投入。 全球规模最大的产能 20000 台燃料电池发动机制造基地在山东潍坊正式投产。

高比例耦合制氢的风光基地建设加速布局

为促进可再生能源电力消纳和多能互补利用，推进可再生能源与氢能融合发展战略，可再生能源制氢初步呈现"两中心、三基地"建设布局。 即京津冀氢能应用负荷中心、东部沿海氢能应用负荷中心，以及"三北"地区风光氢储综合能源基地、西南地区弃水发电制氢基地和东南海上风电制氢基地。 其中，内蒙古、河北、福建等省（自治区）正积极开展高比例耦合制氢的风光基地建设。

国际合作

10. 1
可再生能源
国际合作
综述

当前，加强国际合作已成为各方促进能源转型、实现经济复苏的普遍共识和一致行动。 在"四个革命、一个合作"能源安全新战略的指引下，中国秉承共商、共建、共享原则，不断加深与周边和"一带一路"沿线国家合作力度，积极应对国际合作新风险，参与全球能源治理，为维护全球能源市场稳定、携手应对全球气候变化作出应有贡献。

2020 年虽受新冠肺炎疫情冲击，但中国仍积极参与二十国集团（G20）和亚太经合组织（APEC）等多边机制下能源国际合作；参与全球能源治理；积极倡导和推动区域能源合作，持续推进中国与东盟、阿盟、非盟、中东欧等区域能源合作平台建设；与"一带一路"国家广泛开展能源投资、贸易、产能、技术标准等领域合作，可再生能源项目合作取得有效进展。 作为全球可再生能源生产和利用第一大国和全球最大的可再生能源市场，中国秉持人类命运共同体理念，积极推动全球能源低碳转型。

10. 2
政府间
多边合作

在全球能源供应和消费格局发生深刻变革和转型背景下，2020 年中国推进与有关国际组织、区域能源治理平台等合作，借助"一带一路"国际合作高峰论坛等活动，在国际多边框架下，为促进全球能源可持续发展贡献中国智慧和中国力量。

积极参与全球能源治理

面对气候变化、环境风险挑战、能源资源约束等日益严峻的全球性问题，中国积极支持国际能源组织和合作机制在全球能源治理

《新时代的中国能源发展》白皮书发布会现场

中发挥重要作用，在国际多边框架下积极推动全球能源市场稳定与供应安全及能源绿色转型发展。2020年中国发布《新时代的中国能源发展》白皮书，其中围绕落实能源安全新战略，对推进能源国际合作进行了阐述。中国将深度参与全球能源转型变革，研究推进与有关国家在核电、风电、光伏、智能电网、智慧能源、互联互通等方面的合作，研究绿色能源和绿色金融相结合的政策，推动双边和多边合作。

参加国际能源署清洁能源转型峰会

2020年7月9日，国际能源署主办清洁能源转型峰会，来自40多个国家的能源部长以及30余名国际组织和能源企业高级代表出席会议。中国国家能源局主要负责人出席会议并讲话，提出中国将坚持清洁低碳、安全高效的能源发展方向，愿与各方加强在清洁能源政策、能源科技创新等领域的沟通与协作，加强在国际多边机制下的沟通与合作，共同维护全球能源市场稳定，推动全球经济可持续复苏。

国际能源署清洁能源转型峰会

第二届"一带一路"能源合作伙伴关系论坛成功举办

2020年，第二届"一带一路"能源合作伙伴关系论坛在北京召开。论坛以"绿色能源投资推动经济包容性复苏"为主题，聚焦疫情后全球能源转型与绿色发展，推动"一带一路"国家经济包容性复苏，实现可持续发展。来自"一带一路"相关国家政府、能源企业、国际组织等机

构的代表，围绕"合力应对新冠肺炎疫情对能源国际合作的影响""绿色能源投资合作促进经济复苏""清洁能源转型推动实现包容性发展"等主题进行交流，围绕能源领域复苏进行需求介绍和项目对接，为推动务实合作奠定基础。

中国—东盟清洁能源合作取得丰硕成果

中国积极参与东盟与中日韩、东亚峰会区域能源合作框架下能力建设、联合研究、政策对话等活动的组织和实施，包括东盟与中日韩清洁能源圆桌对话、中国—东盟清洁能源能力建设培训、东亚峰会清洁能源论坛、中国—东盟电力联合研究报告等，高质量推动区域能源合作走深走实，取得了显著效果。2020 年，第 17 届东盟＋3 能源部长会议和第 14 届东亚峰会能源部长会议召开。会上各方对中国提出的 2060 年实现"碳中和"目标表示高度关注，并期望区域内分享相关政策和实施经验。

第 17 届东盟＋3 能源部长会议和第 14 届东亚峰会能源部长会议

2020 年，第三届东盟＋3 清洁能源圆桌对话、东盟可再生能源合作报告发布及成果研讨会在北京召开。会议以"高比例可再生能源推动区域经济繁荣"为主题，发布了东盟可再生能源合作系列报告，并围绕东盟高比例可再生能源发展现状和挑战、未来可再生能源发展规划等进行交流，对东盟能源可及、光伏规模化发展现状与重点国别实施路径等进行研讨。

第三届东盟＋3清洁能源圆桌对话

第九次中欧能源对话成功召开

2020 年 6 月 22 日，中国国家能源局与欧盟能源委员召开第九次中欧能源对话，听取中欧能源合作平台第一年工作进展报告，并就清洁能源与绿色发展、能源安全和全球能源市场、电力市场改革与监管、能源技术与创新合作等议题进行交流，对下一步合作重点和方向达成共识。 双方将进一步加强交流，深化合作，推动中欧能源合作迈上新台阶。

积极参与二十国集团（G20）平台能源治理

2020 年 4 月 10 日，二十国集团能源部长特别视频会议召开。 来自二十国集团成员国、嘉宾国能源主管部门和国际能源组织共约 30 位代表出席会议，会议通过了《二十国集团能源部长声明》。 2020 年 9 月 27—28 日，二十国集团能源部长会议以视频形式举行，会议通过了《二十国集团能源部长公报》。

第六届亚太能源可持续发展高端论坛顺利召开

在 APEC 能源工作组框架下，中方提出的能源可及倡议于 2020 年 8 月获得通过，旨在鼓励各经济体加强信息交流和最佳实践分享，支持能力建设和项目合作，进一步提升亚太地区能源可及性。

2020 年 9 月 16—18 日，第六届亚太能源可持续发展高端论坛在中国天津召开，来自 APEC 能源工作组秘书处、14 个 APEC 经济体的 50 余名代表，以及联合国亚洲及太平洋经济社会委员会、亚洲基础设施投资银行、亚洲开发银行、国际可再生能源署等国际组织的多名代表参会，就深化经济体间在可持续发展和可再生能源方面的合作进行探讨。

第六届亚太能源可持续发展高端论坛合影

10.3
政府间
双边合作

2020 年虽受新冠肺炎疫情冲击，高层互访受阻、活动推迟取消，但中国政府高度重视与各国在可再生能源领域的务实合作，克服困难、多措并举，持续推动双边合作行稳致远。

中国—丹麦加深海上风电等领域合作

近年来，中丹两国在能源、环境、气候等领域的合作不断走向深入。2020 年 4 月 28 日，中丹联合召开深远海海上风电技术交流会，分享两国深远海海上风电发展趋势及技术经验，深化海上风电政府间与行业间的技术交流与合作。2020 年 6 月 24 日，中丹可再生能源合作工作组会议召开，就进一步加强可再生能源规划、海上风电、可再生能源供热等方面合作达成共识，共同推进两国可再生能源产业深度融合、持续健康发展。

中丹可再生能源合作工作组会议

中国—英国保持良好合作关系

2020 年 10 月 30 日，中英两国能源主管部门负责人以视频方式会见，围绕能源转型，中英在核电、海上风电等清洁能源领域相关问题交换意见。

2020 年 8 月，中英海上风电产业合作指导委员会第六次会议在山东济南召开。 2020 年 12 月，中英可再生能源第三方市场合作推介会在北京召开。 双方就可再生能源第三方市场重点区域投资前景、国际合作成果和典型案例、合作的重点方向和重要领域进行深入交流与合作探讨。

中英海上风电产业合作指导委员会第六次会议

中国—巴基斯坦合作保持平稳发展

中国和巴基斯坦秉承互信原则，做好中巴经济走廊能源框架下相关工作，确保走廊能源项目按时实施和平稳推进。 2020 年，双方深入分析了巴基斯坦未来十年的电力需求和供给情况，完成了巴基斯坦电力市场联合评估，为双方在电力等领域的深入合作奠定了基础。

中国与缅甸、尼泊尔合作持续推进

为有效解决中缅经济走廊沿线电力基础设施欠发达等问题，中缅双方共同编制《缅甸全国可持续水电开发的水资源总体规划报告》，支持和推进缅甸水电开发建设。 基于中国和尼泊尔《关于能源合作的谅解备忘录》，双方编制《中尼电力合作规划》，指导中尼电力合作有序开展。

10.4
国际合作项目概况

中国企业积极参与国际可再生能源项目建设、投资和运营，合作领域持续扩大、投融资模式不断创新，在惠及其他国家和人民的同时实现自身良好发展。

水电国际合作取得积极进展

2020 年，中国企业参与投资建设的多个海外水电项目取得重大进展，有效带动当地经济社会发展。 几内亚苏阿皮蒂水电站、埃塞俄比亚GD－3 水电站投入商业运行；莫桑比克马卡雷塔内大坝修复工程顺利竣工；缅甸漂亮水电站修复项目全部投运；赞比亚下凯富峡水电站、老挝南空 3 号水电站工程下闸蓄水。

几内亚苏阿皮蒂水电站

苏阿皮蒂水利枢纽项目是几内亚乃至西非地区的重要民生工程，被誉为"西非三峡"，总装机容量 45 万 kW，多年平均年发电量 18.99 亿 kW·h。 项目建成后将从根本上解决几内亚电力短缺的现状，助力几内亚工业化进程，还可通过西非互联互通电网对周边的塞内加尔、马里、几内亚比绍等国供电，惠及西非多国人民。

风电国际合作保持良好势头

中国风电产业在拉丁美洲、欧洲、东南亚等地区取得新突破。 投资建设的阿根廷罗马布兰卡二期风电项目和米拉玛尔风电项目投产运营；完成对瑞典奥特瑞恩陆上风电项目股权收购；签署越南最大海上风电项目——金瓯 1 号项目 EPC 合同。

2020 年 11 月 26 日，阿根廷米拉玛尔风电项目正式投入商业运营，项目总装机容量 98.6MW，是阿根廷最大的赫利俄斯风电项目群 5 个风电项目之一。 项目建成后能有效减少碳排放，促进当地能源结构调整和经济社会发展。

阿根廷米拉玛尔风电项目

光伏国际合作总体稳中有进

中国光伏出口总体上稳中有进。 2020 年全国光伏产品（含硅片、电池片、组件）出口总额 197.5 亿美元，同比下降 5%，但光伏组件出口量达 78.8GW，同比增长 18%。 出口市场方面，除印度、墨西哥、乌克兰等部分国家市场受疫情影响有所下降外，荷兰、越南、日本、巴西和澳大利亚等多数传统市场继续保持强劲活力。 其中，荷兰作为欧洲市场

的集散中心，出口量持续增长；越南新一轮 FIT 政策带动屋顶光伏快速发展，2020 年光伏新增装机容量达 9.75GW，成为中国第二大光伏组件出口市场。

2020 年 11 月 6 日，中资企业在美洲区域承建的规模最大的墨西哥帕查玛玛光伏项目正式投入商业运行。 该项目总装机容量为 375MW，具有合同模式新颖、规模大、工期短、接入电压等级高及电网标准高等特点。 电站建成后能够满足当地 9 万多家庭的用电需求，有利于改善当地能源结构，促进经济绿色发展。

墨西哥帕查玛玛光伏电站

10.5 可再生能源国际合作展望

2020 年，国际贸易争端不断升级，全球市场环境面临紧张局势，而新冠肺炎疫情又加剧了这一形势。 受疫情影响，产业链、供应链和价值链受到不同程度的冲击，国际能源合作增添了更多不确定性，政府间合作受阻或暂缓，项目建设停工或延期，全球产业格局松动。 但从长远来看，全球化浪潮不可阻挡，可再生能源发展趋势未出现根本性变化。

中国将坚持"立足当地、合作共赢、和谐发展"的理念，以共商、共建、共享为原则，推动"一带一路"建设，遵循可再生能源国际合作的市场规律和通行规则，积极融入东道国以及全球范围内科学技术、社会经济发展的趋势和进程，有效推进可再生能源国际合作可持续发展。

中国—东盟国家的合作重点是在东亚峰会、东盟＋1、东盟＋3 机制下，举办第五届东亚峰会清洁能源论坛，继续实施清洁能源圆桌对话和清洁能源能力建设等品牌活动；开展"后疫情时代东盟高比例可再生能源发展路径研究""'十四五'中国—东盟可再生能源合作战略布局研究""RCEP 对中国可再生能源企业布局东盟市场的影响和促进作用"等研究工作，推动区域可再生能源合作走实走深。

中国—阿盟国家合作重点是在中阿清洁能源培训中心框架下办好能力建设培训活动，以线上＋线下相结合的方式做好光伏、光热、陆上风电、海上风电、分布式发电、智能电网等方面的培训，进一步加深双方在可再生能源领域的交流合作。

中国—非盟国家的合作重点是适时启动中非能源合作中心相关工作，依托中非能源合作中心开展非洲能源电力基础设施，特别是在可再生能源方面的研究工作，并推进示范项目的启动。

中国—巴基斯坦合作的重点是做好《巴基斯坦电力市场联合研究》、发布《中巴经济走廊能源合作项目实施指引》，加强中巴经济走廊能源合作项目及项目调整工作的规范化、透明化和精细化管理，推动中巴经济走廊能源合作持续健康发展。

中国—尼泊尔合作的重点是做好《中尼（泊尔）电力合作规划》，指导两国电力合作，推动中国企业参与尼泊尔电力项目有序开发、平稳发展。

此外，2021 年将开展第十次中欧能源对话、中国—中东欧能源政策对话、中国—瑞士能源工作组会议、中国—芬兰能源工作组会议、中英能源对话、中法能源对话，继续推进政府间多双边合作；积极参与全球能源治理，举办二十国集团能源部长会、联合国能源高级别对话专题部长论坛、中国—欧佩克（OPEC）高级别对话会、第六次金砖国家能源部长会、"一带一路"能源部长会等活动。

2021 年，在新冠肺炎疫情恢复、应对气候变化和全球能源转型的多重背景下，中国可再生能源国际合作将以"四个革命、一个合作"能源安全新战略为指引，推动可再生能源国际合作的体制理念与国际接轨，提升可再生能源国际合作的质量和水平，深化和拓展多边双边合作机制，促进和增强开放条件下能源安全，提升中国在国际能源治理中的影响力。

11

政策要点

11.1
综合类政策

（1）2020年2月，国家发展改革委、国家能源局印发了《省级可再生能源电力消纳保障实施方案编制大纲的通知》（发改办能源〔2020〕181号），指导省级能源主管部门按照国家明确的消纳责任权重，对所属行政区域内承担消纳责任的各市场主体，明确最低可再生能源电力消纳责任权重，并按责任权重进行考核，对未完成的市场主体进行督促落实，并依法依规予以处理。消纳责任权重主要履行方式为购买或自发自用可再生能源电力，购买其他市场主体超额完成的消纳量或绿色电力证书为补充履行方式。

（2）2020年3月，国家发展改革委、司法部联合印发了《〈关于加快建立绿色生产和消费法规政策体系的意见〉的通知》（发改环资〔2020〕379号），提出促进能源清洁发展，建立完善与可再生能源规模化发展相适应的法规、政策，按照简化、普惠、稳定、渐变的原则，在规划统筹、并网消纳、价格机制等方面作出相应规定和政策调整，建立健全可再生能源电力消纳保障机制。加大对分布式能源、智能电网、储能技术、多能互补的政策支持力度，研究制定氢能、海洋能等新能源发展的标准规范和支持政策。建立对能源开发生产、贸易运输、设备制造、转化利用等环节能耗、排放、成本全生命周期评价机制。

（3）2020年4月，财政部、国家税务总局、国家发展改革委联合印发了《关于延续西部大开发企业所得税政策的公告》（2020年第23号），提出2021年1月1日至2030年12月31日，对设在西部地区的鼓励类产业企业减按15%的税率征收企业所得税。鼓励类产业企业是指以《西部地区鼓励类产业目录》中规定的产业项目为主营业务，且其主营业务收入占企业收入总额60%以上的企业。根据《西部地区鼓励类产业目录》，在西部12个省（自治区）风力发电场建设及运营属于鼓励类，可享受上述所得税优惠政策。另外，在云南、陕西、宁夏、新疆、内蒙古等省（自治区）水电、风电、太阳能等相关装备制造也属于鼓励类，可享受上述所得税优惠政策。

（4）2020年4月，国家能源局发布《关于做好可再生能源发展"十四五"规划编制工作有关事项的通知》（国能综通新能〔2020〕29号），明确了可再生能源发展"十四五"规划应关注的重点。优先开发当地分散式和分布式可再生能源资源，大力推进分布式可再生电力、热力、燃气等在用户侧直接就近利用，结合储能、氢能等新技术，提升可再生能源在区域能源供应中的比重。在电源侧研究水电扩机改造、抽水蓄能等储能设施建设、火电灵活性改造等措施，提升系统调峰能力。

（5）2020 年 5 月，中共中央、国务院印发了《关于新时代推进西部大开发形成新格局的指导意见》，提出加强可再生能源开发利用，开展黄河梯级电站大型储能项目研究，培育一批清洁能源基地。加快风电、光伏发电就地消纳。继续加大西电东送等跨省区重点输电通道建设，提升清洁电力输送能力。加强电网调峰能力建设，有效解决弃风弃光弃水问题。

（6）2020 年 6 月，财政部印发了《关于印发〈清洁能源发展专项资金管理暂行办法〉的通知》（财建〔2020〕190 号）。清洁能源发展专项资金（以下简称专项资金）实行专款专用，专项管理，实施期限为 2020—2024 年，到期后按照规定程序申请延续。专项资金支持范围包括清洁能源重点关键技术示范推广和产业化示范、清洁能源规模化开发利用及能力建设、清洁能源公共平台建设、清洁能源综合应用示范，以及党中央、国务院交办的关于清洁能源发展的其他重要事项。

（7）2020 年 6 月，国家能源局印发了《关于印发〈2020 年能源工作指导意见〉的通知》，提出持续发展非化石能源，有序推进集中式风电、光伏和海上风电建设，加快中东部和南方地区分布式光伏、分散式风电发展。积极稳妥发展水电，启动雅砻江、黄河上游、乌江及红水河等水电规划调整，加快龙头水库建设。提高清洁能源利用水平，鼓励可再生能源就近开发利用，进一步提高利用率。完善流域水电综合监测体系，开展重点流域水能利用情况预测预警。

（8）2020 年 6 月，国家发展改革委、国家能源局联合印发了《关于各省级行政区域 2020 年可再生能源电力消纳责任权重的通知》（发改能源〔2020〕767 号），明确各省（自治区、直辖市）2020 年可再生能源电力消纳总量责任权重、非水电责任权重的最低值和激励值，以及各省级能源主管部门、各电网企业和国家能源局各派出机构的职责任务，确保消纳责任权重落到实处；预计 2020 年可再生能源电力消费占比将达到 28.2%、非水电消费占比将达到 10.8%，分别比 2019 年增长 0.3 个和 0.7 个百分点。

（9）2020 年 6 月，国家发展改革委、国家能源局联合印发了《关于印发〈电力中长期交易基本规则〉的通知》（发改能源规〔2020〕889 号），提出各电力交易机构应指导参与电力交易承担消纳责任的市场主体优先完成可再生能源电力消纳相应的电力交易，在中长期电力交易合同审核、电力交易信息公布等环节对承担消纳责任的市场主体给予提醒。各承担消纳责任的市场主体参与电力市场交易时，应当向电力交易机构作出履行可再生能源电力消纳责任的承诺。

（10）2020 年 9 月，《中华人民共和国资源税法》正式开始施行。该法明确将地热能列为能源矿产，要求"按原矿 1% ～ 20% 或每立方米 1～30 元"的税率标准征税。北京、河北、山西、广东、浙江、江苏、江西、甘肃、宁夏等约 20 个地区公布了当地地热资源税适用税率，与《中华人民共和国资源税法》同步施行，各地实际执行税率 1～30 元/m³ 不等。

（11）2020 年 9 月，国务院办公厅发布了《国务院办公厅关于坚决制止耕地"非农化"行为的通知》（国办发明电〔2020〕24 号），文件要求批地用地必须符合国土空间规划，凡不符合国土空间规划以及不符合土地管理法律法规和国家产业政策的建设项目，不予批准用地。各项目建设用地必须按照法定权限和程序报批，按照批准的用途、位置、标准使用，严禁未批先用、批少占多、批甲占乙。严格临时用地管理，不得超过规定时限长期使用。

（12）2020 年 11 月，国务院办公厅发布了《国务院办公厅关于防止耕地"非粮化"稳定粮食生产的意见》（国办发〔2020〕44 号），要求坚持科学合理利用耕地资源，实施最严格的耕地保护制度，科学合理利用耕地资源，防止耕地"非粮化"，切实提高保障国家粮食安全和重要农产品有效供给水平。水电工程建设，应严格执行相关文件规定节约、保护耕地，尽量减少征收征用耕地。

（13）2020 年 12 月，《中华人民共和国长江保护法》正式通过并对外公布，2021 年 3 月 1 日起正式施行。该法规定国务院自然资源主管部门会同国务院有关部门组织编制长江流域国土空间规划，科学有序统筹安排长江流域生态、农业、城镇等功能空间，划定生态保护红线、永久基本农田、城镇开发边界，优化国土空间结构和布局，统领长江流域国土空间利用任务，报国务院批准后实施。涉及长江流域国土空间利用的专项规划应当与长江流域国土空间规划相衔接。国家加强对长江流域水能资源开发利用的管理。因国家发展战略和国计民生需要，在长江流域新建大中型水电工程，应当经科学论证，并报国务院或者国务院授权的部门批准。

（14）2020 年 12 月，国家发展改革委、商务部联合发布了《鼓励外商投资产业目录（2020 年版）》（以下简称《产业目录》），2021 年 1 月 27 日起施行。属于《产业目录》的外商投资项目，可以依照法律、行政法规或者国务院的规定，享受税收、用地等优惠待遇。

（15）2020 年 12 月，国家发展改革委等四部门联合发布了《关于印发〈绿色技术推广目录（2020 年）〉的通知》（发改办环资〔2020〕990 号），要求各部门结合实际加大绿色技术推广应用力度，为推动社会经济发展全面绿色转型，打赢污染防治攻坚战，实现"碳达峰、碳中和"目标提供技术支撑。 可再生能源领域主要涉及海上风电场升压站结构设计、建设和保障技术、10MW 海上风电机组设计技术、高效 PERC 单晶太阳能电池及组件应用技术、大型抽水蓄能关键技术、太阳能热发电关键技术、中深层地岩换热清洁供暖技术、太阳能 PERC＋P 型单晶电池技术等。

（16）2020 年 12 月，国家能源局发布了《关于印发〈电力企业应急能力建设评估管理办法〉的通知》（国能发安全〔2020〕66 号），从完善评估管理体系、适当调整评估范围、合理设置评估周期、加强评估监督管理四个方面，对评估工作提出明确具体的要求，进一步规范和指导评估工作。

（17）2020 年 12 月，国家能源局 2020 年第 6 号公告发布了第一批能源领域首台（套）重大技术装备项目名单。 公告将二代异质结太阳能电池生产装备、V 型 10MW 级垂直轴海上风力发电机组等 26 个技术装备列为第一批能源领域首台（套）重大技术装备项目，以加快能源重大技术装备创新，有效推动能源领域短板技术装备突破，切实保障关键技术装备产业链供应链安全。

（18）2020 年 12 月，国家发展改革委、国家能源局联合印发了《关于做好 2021 年电力中长期合同签订工作的通知》（发改运行〔2020〕1784 号），从保障足量签约、推动分时段签约、拉大峰谷差价、规范签订电力中长期合同、建立健全电力中长期合同签订配套机制、保障电力中长期合同签订工作落实等方面推动实施。 为实现优先发电与市场的衔接，鼓励各地政府主管部门在制定本地区年度优先发电计划时明确优先发电计划分时段电量。 对于风电、光伏发电和水电等较难精准预测的电源，可适当放宽要求，但应在分月生产计划安排之前完成时段电量分解。

11. 2 水电类政策

2020 年 12 月，国家能源局发布了《关于开展全国新一轮抽水蓄能中长期规划编制工作的通知》（国能综通新能〔2020〕138 号），要求总结 2009 年以来抽水蓄能发展情况，适应当前及未来新能源大规模高比例发展以及新时期构建新型电力系统的需要，面向 2035 年研究电力系统对抽水蓄能的需求，在抽水蓄能电站站点资源规划的基础上，提出未来抽水蓄能发展的总体思路、主要任务、重大布局、保障措施等，通过编制新一轮抽水蓄能中长期规划，指导未来一段时间抽水蓄能电站建设，促进抽水蓄能高质量可持续发展。

11.3 新能源类政策

（1）2020年1月，财政部、国家发展改革委、国家能源局发布了《关于促进非水可再生能源发电健康发展的若干意见》（财建〔2020〕4号），明确了坚持以收定支原则，新增补贴项目规模根据新增补贴收入确定；开源节流，通过多种方式增加补贴收入，减少不合规补贴需求，缓解存量项目补贴压力；凡符合条件的存量项目均纳入补贴清单；部门间相互配合，增强政策协同性，对不同可再生能源发电项目实施分类管理。

（2）2020年1月，财政部、国家发展改革委、国家能源局发布了《关于印发〈可再生能源电价附加资金管理办法〉的通知》（财建〔2020〕5号），明确财政部按照以收定支的原则向电网企业和省级财政部门拨付可再生能源发电项目补助资金。需补贴的可再生能源发电项目，需符合国家能源主管部门要求，按照规模管理的需纳入年度建设规模管理范围，并按流程经电网企业审核、国家可再生能源信息管理中心复核后纳入补助项目清单。2020年3月，财政部发布了《关于开展可再生能源发电补贴项目清单审核有关工作的通知》（财办建〔2020〕6号），明确可再生能源项目进入首批财政补贴目录的条件和补贴清单审核的具体流程。

（3）2020年2月，国务院扶贫办、财政部发布了《关于积极应对新冠肺炎疫情影响切实做好光伏扶贫促进增收工作的通知》（国开办司发〔2020〕3号），要求及时划拨光伏扶贫收益到村，完善收益分配明确使用方向，多渠道开发就地就近就业岗位，规范收益分配使用程序，强化收益分配使用监管，加强电站运行维护管理，积极化解新冠肺炎疫情对脱贫攻坚的不利影响。

（4）2020年3月，国家能源局发布了《关于2020年风电、光伏发电项目建设有关事项的通知》（国能发新能〔2020〕17号），明确了2020年风电、光伏发电项目建设有关要求，积极推进平价上网项目建设、合理确定需国家财政补贴项目竞争配置规模、落实电力送出消纳条件、加强后续监管工作。

（5）2020年3月，国家发展改革委发布了《关于2020年光伏发电上网电价政策有关事项的通知》（发改价格〔2020〕511号），明确了

2020年对集中式光伏发电继续制定指导价，Ⅰ～Ⅲ类资源区新增集中式光伏电站指导价分别确定为0.35元/（kW·h）（含税，下同）、0.4元/（kW·h）、0.49元/（kW·h）；降低工商业分布式光伏发电补贴标准，采用"自发自用、余量上网"模式的工商业分布式光伏发电项目，全发电量补贴标准调整为0.05元/（kW·h）；降低户用分布式光伏发电补贴标准，纳入2020年财政补贴规模的户用分布式光伏全发电量补贴标准调整为0.08元/（kW·h）。

（6）2020年3月，国家能源局印发了《关于发布〈2020年度风电投资监测预警结果〉和〈2019年度光伏发电市场环境监测评价结果〉的通知》（国能发新能〔2020〕24号），2020年风电投资监测预警结果：新疆（含兵团）、甘肃、蒙西为橙色区域；山西北部忻州市、朔州市、大同市，河北省张家口市和承德市、内蒙古自治区赤峰市按照橙色预警管理；甘肃河东地区按照绿色区域管理；其他省（自治区、直辖市）和地区为绿色区域。2019年光伏发电市场环境监测评价结果：西藏为红色区域；天津、河北、四川、云南、陕西Ⅱ类资源区、甘肃Ⅰ类资源区、青海、宁夏、新疆为橙色区域；其他地区为绿色区域。

（7）2020年5月，国务院扶贫办、国家能源局发布了《关于将有关村级光伏扶贫电站项目纳入国家规模范围的通知》（国开办发〔2020〕16号），明确将各省依据国家政策建设并通过国务院扶贫办、国家能源局审核的458.8万kW村级光伏扶贫电站项目纳入国家规模范围，作为光伏扶贫项目享受国家补贴政策。补贴所需资金根据可再生能源电价附加收入情况，从2021年起按照"以收定支"原则逐步拨付，补贴资金拨付顺序优先于普通光伏项目。

（8）2020年6月，财政部、生态环境部发布了《关于核减环境违法垃圾焚烧发电项目可再生能源电价附加补助资金的通知》（财建〔2020〕199号），明确了垃圾焚烧发电项目应依法依规完成"装、树、联"后，方可纳入补贴清单范围，待垃圾焚烧发电项目向社会公开自动监测数据后，电网企业方可拨付补贴资金。一个自然月内出现3次及以上违法情形的，电网企业应取消当月补贴资金，并暂停拨付补贴资金。垃圾焚烧发电项目篡改、伪造自动监测数据的，自公安、生态环境部门做出行政处罚决定或人民法院判决生效之日起，电网企业应将其移出可再生能源发电补贴清单。

（9）2020年6月，国家能源局发布了《关于公布2020年光伏发电项目国家补贴竞价结果的通知》，明确拟将河北、内蒙古等15个省（自治区、直辖市）和新疆生产建设兵团的共 434 个项目纳入 2020 年国家竞价补贴范围，总装机容量 2597 万 kW，其中普通光伏电站 295 个、装机容量 2563 万 kW，工商业分布式光伏发电项目 139 个、装机容量 34 万 kW。

（10）2020 年 7 月，国家发展改革委、国家能源局发布了《关于公布 2020 年风电、光伏发电平价上网项目的通知》（发改办能源〔2020〕588 号），公布了 2020 年风电、光伏发电平价上网项目清单，其中风电项目 1139.67 万 kW，光伏发电项目 3305.06 万 kW。 同时，明确了 2019 年、2020 年两批平价项目建设时限要求，提出建立动态调整跟踪机制；强调电网企业应确保平价项目优先发电和全额保障性收购，并按要求与风电、光伏发电平价上网项目单位签订不少于 20 年的长期固定电价购售电合同等。

（11）2020 年 7 月，国家能源局发布了《关于开展风电开发建设情况专项监管的通知》（国能综通新能〔2020〕78 号），确定于 2020 年 7—11 月组织开展"十三五"期间风电开发建设情况专项监管工作，重点对地方能源主管部门、电网企业、风电企业落实国家规划（年度建设方案）、产业政策、项目核准、电网接入、建设标准等情况开展监管。

（12）2020 年 9 月，财政部、国家发展改革委、能源局联合发布了《关于〈关于促进非水可再生能源发电健康发展的若干意见〉有关事项的补充通知》（财建〔2020〕426 号），确定风电、光伏和生物质发电项目的全生命周期合理补贴利用小时数。 纳入可再生能源发电补贴清单范围的项目，全生命周期补贴电量内所发电量，按照上网电价给予补贴；所发电量超过全生命周期补贴电量部分，不再享受中央财政补贴资金，核发绿证准许参与绿证交易；风电、光伏发电项目自并网之日起满 20 年后、生物质发电项目自并网之日起满 15 年后，无论项目是否达到全生命周期补贴电量，不再享受中央财政补贴资金，核发绿证准许参与绿证交易。

（13）2020 年 9 月，国家发展改革委、财政部、国家能源局联合发布了《完善生物质发电项目建设运行的实施方案》（发改能源〔2020〕1421 号），明确 2020 年生物质发电项目申报条件和申报工作机制。 自 2021 年起，规划内新核准的生物质发电项目全部通过竞争方式配置，并将上网电价作为主要竞争条件，项目补贴由中央地方共同承担，落实地方分担后，方可申报中央补贴。 根据各省份不同情况，各省生物质发电项目中央分担补贴比例有所不同。

（14）2020 年 9 月，财政部、工业和信息化部、科技部、国家发展

改革委、国家能源局等五部委联合发布了《关于开展燃料电池汽车示范应用的通知》（财建〔2020〕394号），支持燃料电池汽车关键核心技术突破和产业化应用，推动形成布局合理、各有侧重、协同推进的燃料电池汽车发展格局。中央财政通过对新技术示范应用以及关键核心技术产业化应用给予奖励，加快带动相关基础材料、关键零部件和整车核心技术研发创新，逐步实现关键核心技术突破，构建完整的燃料电池汽车产业链，为燃料电池汽车规模化产业化发展奠定坚实基础。

（15）2020年10月，国家能源局发布了《关于公布光伏竞价转平价上网项目的通知》（国能综通新能〔2020〕107号），2019年已入选竞价项目但逾期未并网（即2020年6月30日之后并网）和2020年申报但未入选的光伏发电国家补贴竞价项目，自愿转为平价上网的共1229个、装机容量799.89万kW。

（16）2020年11月，国家发展改革委、国家能源局发布了《关于公布2020年生物质发电中央补贴项目申报结果的通知》（发改办能源〔2020〕865号），明确拟将河北、山西等20个省（自治区、直辖市）的77个项目纳入2020年生物质发电中央补贴规模，总装机容量171.4万kW。其中，农林生物质发电项目18个、装机容量53万kW，垃圾焚烧发电项目46个、装机容量116.3万kW，沼气发电项目13个，装机容量2.1万kW。

（17）2020年11月，财政部发布了《关于加快推进可再生能源发电补贴项目清单审核有关工作的通知》（财办建〔2020〕70号），要求抓紧审核存量项目，分批纳入补贴清单。明确2006年及以后年度按国家相关规定，且完成核准（备案）手续、完成全容量并网的所有项目均可申报进入补贴清单，并同步下发了《可再生能源发电项目全容量并网时间认定办法》。

（18）2020年11月，国家能源局发布了《关于做好2020年度新能源发电项目并网接入有关工作的通知》（国能综通新能〔2020〕127号），要求国家电网、南方电网和蒙西电网全力统筹做好新能源发电项目并网接入工作，按照"能并尽并"原则，对于具备并网条件的新能源发电项目，切实采取有效措施，加大统筹协调力度，保障按期并网和同步投运。

（19）2020年12月，财政部和生态环境部联合印发了《关于核减环境违法等农林生物质发电项目可再生能源电价附加补助资金的通知》（财建〔2020〕591号），明确提出对于未按要求安装烟气在线监测设备的，二氧化硫、氮氧化物、颗粒物排放未达到国家和地方大气污染物排放限值的，掺烧化石燃料的，予以核减发电补贴；排放污染物小时均值超标次数累计高于 40 次的机组，或执法监测数据超标的机组，该季度不享受补贴资金政策，并移出可再生能源发电补贴清单。

　　（20）2020 年 12 月，国家能源局发布了《关于加强生物质发电项目信息监测的通知》，要求各省（自治区、直辖市）按照《完善生物质发电项目建设运行的实施方案》（发改能源〔2020〕1421 号）关于开展项目监测的有关要求，组织项目单位在国家能源局可再生能源发电项目信息管理系统按时填报核准、在建项目信息，准确反映生物质发电发展情况，促进行业持续健康发展。

12

热点研究

12.1
行业热点
研究总览

"十四五"水风光综合能源开发基地专题研究

以大型水电基地为依托,统筹本地消纳和外送,综合建设无国家补贴的光伏、风电等新能源发电项目,充分利用水电的调节能力,优化调度、联合运行、高效利用,建设水风光综合能源开发基地,降低可再生能源综合开发成本,提高送出通道利用率,推动可再生能源可持续健康发展。

西南地区重点水电工程开发建设时序研究

梳理西南水电资源情况和发展现状,分析西南各省当前水电消纳和电网规划情况,研判西南水电发展面临的困难及挑战,研究跨省跨区水电参与市场竞争能力和存在的问题,制定西南水电可持续发展策略及路径,提出促进水电可持续发展的相关建议。 为推动西南地区水电可持续发展提供重要支撑。

抽水蓄能电站选点规划及行业发展研究

结合全国抽水蓄能发展历程和现状,对比国外抽水蓄能发展思路,研究全国抽水蓄能发展潜力,总结 2009 年以来选点规划实施情况和效果,分析选点规划存在问题和困难。 对行业发展现状、已建电站运行情况,抽水蓄能电站作用和效果等进行分析,提出下步规划的工作思路、技术要求和工作方案,并对保障规划有效实施提出意见和建议。

中小型抽水蓄能发展专题研究

以开发利用现状为基础,总结全国中小型抽水蓄能电站发展特点、功能效益和存在的问题。 通过梳理站点资源情况和建设条件,结合能源革命新战略,从系统需求空间、技术可行性和开发经济性等方面,分析全国中小型抽水蓄能电站的建设必要性,合理评估中小型抽水蓄能电站的发展潜力,探讨发展思路和措施建议。

金沙江下游水电开发利益共享深化研究

研究立足四川、云南两省水电开发项目的实施情况,以白鹤滩、乌东德两水电站移民安置工作为基础,全面梳理《关于做好水电开发利益共享工作的指导意见》(发改能源规〔2019〕439 号)需要细化的关键内容,研究提出具体细化方案;在完善移民安置补偿补助方面,从移民房

屋补偿、宅基地补差、移民安置激励措施补助提出相关措施建议；在移民后续发展规划方面，从后续发展资金来源、使用管理和方向，以及具体项目和目标提出研究建议。

可再生能源发展与国土空间规划协同研究

国家要求逐步建立国土空间规划体系，实现"多规合一"。 开展可再生能源发展与国土空间规划协同研究，一是做好可再生能源用地规模和性质进行研究；二是做好可再生能源用地综合利用研究；三是做好与国土空间规划的衔接研究，将可再生能源规划用地纳入国土空间规划；四是做好可再生能源用地与地方经济发展相结合研究；五是以水电工程建设征地技术标准体系建设经验为基础，开展构建可再生能源用地技术标准体系研究。

深远海海上风电开发政策机制研究

针对深远海海上风电规划、前期工作及开发建设过程中可能遇到的重点问题，开展深远海海上风电开发政策机制专项研究，包括深远海海上风电资源规划模式、用海管理机制、核准与开发建设机制，以及深远海海上风电开发与生态环保、通航安全、军民融合、用海兼容性等方面的研究，提出相关政策建议。

风电机组退役和更新管理政策研究

通过研究提出风机退役及更新的管理思路，形成管理办法或指导意见，全面指导全国风电机组退役和更新工作，促进行业持续健康发展。

万小时工作寿命的钙钛矿太阳电池关键技术

针对高稳定性钙钛矿太阳电池技术要求，开展电池性能退化机制与评价方法、电池关键功能层和器件的设计与制备研究。

生物质能系统综合评价方法研究

分析国内外生物质能产业、标准和认证评价体系发展总体情况，初步提出一套考虑环境、经济和社会三个维度的生物质能认证标准和评价指标体系，为政策落地、标准认证体系完善、行业提质增效提供有效支持。

"十四五"培育发展生物能源产业研究

总结全国生物质能（生物质发电、生物天然气、生物质成型燃料、生物燃料乙醇、生物柴油等）发展规模、技术和商业模式现状，分析全国生物能源发展潜力和技术发展趋势，提出预期发展目标、重点工程及重大行动等。

生物质能供热、供气发展支持政策研究

总结全国关于生物质能供热、供气规划的实施情况，梳理全国生物质能供热、供气发展存在的主要问题、障碍，分析国内宏观政策对生物质能供热、供气行业的影响，以及生物质能供热、供气总体需求，借鉴国际经验，研究提出有关支持保障政策建议。

长三角垃圾焚烧发电市场化发展研究

围绕长三角一体化发展和生活垃圾焚烧发电市场化运行方案，结合长三角三省一市发展现状、发展基础和资源经济条件等，提出推动垃圾焚烧发电在长三角地区市场化试点运行的实施建议方案。

地热高温系统成因、热储增产利用及资源评价体系研究

开展"喜马拉雅东构造结高温地热系统成因研究"，分析高温地热形成新机理，拓展青藏高原地热资源应用前景；开展"深部碳酸盐岩热储层强化增产与利用综合评价技术"，探索解决深部低孔隙度碳酸盐岩热储层产能效率低、改造效果监测表征技术准确度差、储层及井筒结垢影响产能等问题；开展"粤港澳大湾区岩石圈热结构与地热系统成因及资源评价体系研究"，为构建粤港澳大湾区地热资源的评估体系和高效开发利用地热资源提供技术支持。

干热岩开发利用关键技术研究攻关

开展青海共和盆地"干热岩开发利用关键技术研究攻关"，瞄准深层干热岩开发前沿领域与方向，推动国内首个干热岩开发示范工程建设，成功实施中国第一口干热岩井试验性压裂，助推中国干热岩资源商业性开发建设。

"新能源+储能"配套模式应用研究

"新能源+储能"能有效平抑新能源的波动性，促进系统消纳更多

的新能源电力，助推能源转型，但目前储能技术成本较高，商业模式单一，"新能源＋储能"模式推广和被接受程度较低。"新能源＋储能"配套模式应用研究立足于当前行政要求新能源配储能的现实，旨在从技术匹配性、经济性、使用效果等层面探寻新能源配套储能的思路和合理方案，避免新能源配储能的盲目性和资源浪费，促进储能产业的健康发展。

12.2 研究概况

"十四五"水风光综合能源开发基地专题研究

为实现"2030 年碳达峰、2060 年碳中和"以及"2030 年非化石能源消费占比 25%"的发展目标，需在"十四五"时期乃至更长时期内，加快发展水能、风能、太阳能等可再生能源，持续推动可再生能源高比例发展。目前传统"十二大水电基地"开发建设进入收尾阶段，流域水电基地一方面为经济社会发展提供了大量清洁低碳电力；另一方面形成的流域梯级水电站群，通常具有较好的调节性能，尤其是具有多年调节能力的龙头水库电站，可以大幅提高电力系统的灵活性，有利于促进风电、光伏发电等新能源消纳，为实现水风光融合发展，建设绿色、多功能的流域可再生能源综合开发基地奠定基础。

研究重点针对金沙江、大渡河、雅砻江、红水河、乌江等流域，围绕发展基础、综合开发特性、消纳市场、经济性等方面开展研究，统筹研究提出基地总体规模及"十四五"重大布局，并提出保障措施。主要研究内容及思路如下：

（1）发展基础研究。分析基地水能资源特点、水电规划及开发建设情况、水电送出通道规划建设情况；分析区域太阳能、风能资源概况、项目开发建设现状，并结合开发利用限制条件，提出资源开发潜力，论证新能源项目技术可开发量和经济可开发量。

（2）综合开发特性研究。在水电、风电和光伏发电出力特性分析基础上，开展水风光多能互补配置和运行研究，并分析互补运行效果。

（3）消纳市场研究。分析研究本地消纳情况，结合已建、在建及规划的外送输电工程，分析受端地区消纳能力。

（4）经济性研究。分析基地开发建设总投资，分析水风光综合开发在降低开发成本、提高通道利用率和降低输电成本、提升基地开发市场竞争力等方面的作用。

（5）基地总体规模及"十四五"重大布局。提出水风光综合能源基地的总体规模和布局，以及"十四五"期间重点建设的基地规模和布局。

（6）保障措施。 从资源、送出通道，开发建设、运行、管理等方面提出保障措施。

西南地区重点水电工程开发建设时序研究

中国地域辽阔，河流众多，水能资源技术可开发量 6.87 亿 kW，位居世界首位，但全国水力资源分布不均，主要集中在西南地区。 截至 2019 年年底，西南五省水电已建装机容量 1.79 亿 kW，在建装机容量 4600 万 kW，已在建技术可开发比例约为 47.2%，未来还有较大的发展潜力。 综合考虑环境保护、经济性、市场消纳、政策影响等因素下，西南地区还有超过 1 亿 kW 的水电可以开发。 开展西南地区重点水电工程建设时序研究，推动西南地区水电可持续发展对于促进能源绿色低碳发展，实现"碳中和"目标，促进地方经济社会高质量发展等方面具有重要意义。 主要研究内容和思路如下：

（1）系统梳理全国以及西南地区水力资源特点、水电规划及开发建设情况。 从开发决策、建设条件、环境保护、水库移民、经济性和市场消纳等方面分析约束条件下水能资源整体开发潜力及分布，针对西南地区提出 2035 年前各流域可能开发的水电工程。

（2）结合有关监测数据，重点分析西南地区水电消纳现状、存在的问题及主要弃水原因，梳理涉及西南水电外送的中通道和南通道的建设及运行现状，对四川、云南、西藏等未来水电开发集中省（自治区）的电力系统现状、电力需求预测、外送通道规划及外送能力进行分析。

（3）从国家能源发展战略、"碳达峰、碳中和"目标等分析当前全国水电发展面临的整体形势，以及水电开发建设面临的建设条件、生态环保约束、电价机制落实等方面的挑战。

（4）基于水电整体发展形势、主要项目前期工作进展，并考虑主要约束条件，拟定全国整体水电开发总体时序，研究"十四五"期间水电发展总体目标。 针对西南地区金沙江、雅砻江、大渡河等重点流域，分析流域水电开发重点任务，提出重点工程的开发建设时序。

（5）从落实重大水电工程和外送通道建设、推动重点项目开工、推动水风光综合开发、加强水电开发统筹协调机制、政策支持、开展水电运行管理研究等方面，提出促进水电可持续发展的相关政策建议，为推动西南地区水电可持续发展提供重要支撑。

深远海海上风电开发政策机制研究

为支撑"2030 年碳达峰、2060 年碳中和"总体战略目标实现，"十四五"期间风电将迎来更大发展。 自"十三五"以来，国土空间规划、海洋功能区划中项目建设用地用海管理不断加强，陆上风电及近海风电开发需要考虑的限制性因素增强，深远海海上风电将成为未来发展的重要方向。 全国深远海海域可开发空间大，海事、环保限制性因素相对较少，根据初步评估，全国领海线至专属经济区可开发海域面积约 67 万 km²，可开发潜力约 20 亿 kW。 深远海海上风电难以适用现阶段海域权属管理机制，需要进一步明确深远海海上风电管理机制，支持海上风电发展。 开展深远海海上风电开发政策机制研究，主要内容包括以下几方面：

（1）深远海海上风电管理机制研究。 针对深远海海上风电规划、涉海面积、用海审批机制、项目核准与开发建设等内容进行综合研究。

（2）深远海海上风电融合发展分析。 分别针对与生态环境、通航安全、军民融合的兼容性进行课题研究，落实深远海风电融合发展的可实施性。

（3）提出"十四五"深远海海上风电发展思路及政策建议。 建议"十四五"着重推动建立深远海海上风电的管理体系、做好深远海海上风电规划、推动深远海示范项目建设、开展深远海海上风电示范项目补贴政策研究、加大深远海海上风电技术创新力度等。

风电机组退役和更新管理政策研究

截至 2000 年，全国风电装机容量达到 340MW，早期投运的机组将陆续退役，从"十四五"开始，退役风电机组数量将大幅增加。 早期风电场限于技术条件，风电机组性能相对落后，长期运行利用效率下降，引导退役风电项目改扩建，可以发挥原场址在资源和电网接入等方面的优势，有利于提供更多的绿色电能。 开展风电机组退役和更新管理政策研究，提出风电机组退役及更新的管理思路，形成管理办法或指导意见，指导全国风电机组退役和更新工作。 主要内容包括以下几方面：

（1）梳理国内外风电机组退役和更新的政策体系，着重对国际上进行风电机组退役和更新研究较早、成果较多国家的相关政策进行梳理，全面摸排各地超期服役发电机组情况。

（2）分析全国风电市场及机组退役空间。 调研统计未来十年涉及退役的风电机组规模、型号、台数、分布。

（3）风电机组退役及更新管理方式研究。梳理提前退役、直接退役、原地更新、异地更新、技改延寿、保持延寿等情况及交叉情况下的技术和政策层面难点、解决办法；分析风电场退役及更新配套政策和技术层面难点及解决办法，主要包括审批流程，上网电价格机制，并网手续、环保恢复要求、用地面积、安全性评估、设备升级、废弃材料处理，升压站、送出线路及集电线路使用年限等。

（4）典型风电场退役及更新推荐方案测算及分析，分析风电机组更新、技改、延寿三种情景模式下的收益率。

万小时工作寿命的钙钛矿太阳电池关键技术

2020 年，国家重点研发计划"可再生能源与氢能技术"重点专项推动开展"万小时工作寿命的钙钛矿太阳电池关键技术"研究课题。研究瞄准钙钛矿电池稳定性问题，具体包括对钙钛矿光吸收材料本征稳定性研究、高性能钙钛矿光吸收层稳定化设计与制备、高性能电荷传输层稳定化设计与制备、加速老化条件下器件退化机制与评价方法、高稳定性器件制备工艺和技术、稳定器件一致性控制技术等研究内容。

该项目为优化钙钛矿电池寿命、消除钙钛矿组件产业化障碍、助推成本降低等提供技术支持，将进一步推进钙钛矿技术产业化发展和实际场景应用。

生物质供热、供气发展支持政策研究

（1）总结生物质能发展现状。生物质发电发展迅速，但非电利用未达到预期；生物质非电利用领域基本形成以生物质供热和生物天然气为主的两大方向，技术基本可靠，商业模式基本清晰。

（2）梳理生物质能在供热、供气领域存在的主要问题。生物质能开发利用普遍存在原料收储困难、市场竞争力弱和环保定位偏差等问题；生物天然气产业基础弱，产品销售、技术研发等多个环节壁垒需要打开；生物质供热定位不清，技术水平、人员专业性有待提升，评判标准需要统一。

（3）提出规划发展建议。明确生物质能"能源＋环保"的发展定位；提出坚持以规划引导行业发展、坚持保障优先消纳、坚持建立规范的行业发展思路；初步提出到 2025 年生物天然气产能达到 30 亿 m^3/年，供热总量 10 亿 GJ 的发展目标；提出关于示范支持生物天然气、

生物质供热产业化发展的多项政策建议，推动生物质供热、供气高质量发展，探求解决发电领域补贴依赖问题。

"新能源＋储能"配套模式应用研究

在储能成本下降和电力市场改革的双重推动下，"新能源＋储能"将成为未来能源发展的重要方式之一。结合目前全国新能源开发和储能技术发展的实际情况以及初步研究成果，提出新能源配套储能的原则建议：

（1）理想目标匹配原则。风电波动性大，消纳匹配性较差，且存在连续数天大风或无风天气的情况，风储结合应用的关键在于通过合理的容量配置和适当的运行策略来抑制因波动性和间歇性引发的系统冲击。光伏发电主要存在昼夜差异和短时波动，峰谷特性明显，发电输出与负荷匹配度较好，储能可实现定期充放，利用率相对较高。光伏电站应用储能技术可以实现平滑功率波动、削峰填谷、调频调压的功能。

（2）循序递进原则。理想目标匹配原则是未来储能度电成本大幅下降后拟实现的理想目标，也是储能大规模发展后的情景。现阶段储能度电成本尚不足以支撑上述目标的实现。中短期可根据储能系统发挥的不同功能价值以及新能源电力系统可接受的成本约束，按照备用型（离网黑启动）、功率型（平滑功率波动、调频）、能量型（平滑波动及不超过 1h 的临时顶峰输出）、容量型（小时级以上的削峰填谷）的方式循序递进，逐步实现规模化应用。

（3）集中共享原则。应优先利用新能源的地域和时空互补特性，平抑区域内新能源的波动性，减少对系统调峰资源的需求，提高系统的整体经济性。"新能源＋储能"宜由分布式项目单独配置储能过渡到集中式，尽可能遵循集中共享原则，提升公共资源利用效率，降低设备应用成本。

（4）并网质量主导原则。除了根据新能源特性和储能功能确定储能配置方案外，相关部门应对新能源的并网质量提出要求。由新能源业主根据质量要求，结合储能系统的安全性和经济性综合考虑，自行决定是否配置储能或配置多大规模的储能，避免储能系统性能指标弄虚作假，不利于行业的健康发展。

13

发展展望及建议

13.1
总体发展展望

可再生能源将由能源电力消费增量补充转为增量主体

为实现"碳达峰、碳中和",以及能源绿色低碳转型的战略目标,可再生能源是全国能源发展的主导方向。"十四五"期间,预计全国可再生能源发电新增装机容量占新增发电装机的 70% 以上,可再生能源消费增量占一次能源消费增量的 50% 左右。 到 2025 年,预计可再生能源发电装机容量占全国发电总装机容量的 50% 以上。 可再生能源由能源电力消费增量补充成为增量主体,在能源转型中发挥主导作用。

新能源占比快速提升,需加快构建以新能源为主体的新型电力系统

按照 2025 年非化石能源占能源消费总量比重 20% 左右的要求,"十四五"期间新能源开发规模和消纳利用能力均大幅度提升,风电、光伏发电装机占全口径发电装机的比例提升到 33% 以上,风电、光伏发电量占全社会用电量的比重提升到 19% 左右。 到 2025 年,"三北"地区多个省份风电、光伏发电装机占比超过 50%,新能源发展面临既要大规模开发、又要高水平消纳、更要保障电力系统安全可靠供应的形势,需要加快构建以新能源为主体的新型电力系统。

新能源开发利用创新活跃,不断拓展可再生能源应用场景

为支撑新能源大规模开发和高比例利用,农光互补、渔光互补、光伏治沙等复合开发模式持续壮大,新能源发电与 5G 基站、大数据中心等信息产业融合发展,在新能源汽车充电桩、铁路沿线设施、高速公路服务区及沿线等交通领域推广应用,新能源直供电和以新能源为主的微电网、局域网、直流配电网不断提高分布式可再生能源终端直接应用规模,促进新能源与新兴技术、新型城镇化、乡村振兴、新基建等深度融合,不断拓展可再生能源发展新领域、新场景。

13.2
常规水电

水电发展迎来新机遇

为实现"2030 年碳达峰、2060 年碳中和"以及"2030 年非化石能源消费占比 25%"等发展目标,必须推进能源绿色低碳发展,加快发展非化石能源,特别是大力提升风电、光伏发电规模。 水电在提供大量清洁电量的同时,作为能源转型的基石,在未来高比例可再生能源的电力系统中,水电发展的功能定位将从电量为主逐渐转变为容量支撑,支撑风电、光伏大规模发展，新发展目标为水电行业发展提供了新动能和新机遇。

2021 年预计常规水电投产 1400 万～1600 万 kW

2021 年，随着乌东德水电站剩余 4 台机组投产、白鹤滩水电站部分机组投产，以及金沙江上游苏洼龙水电站、雅砻江杨房沟水电站部分机组投入运行，预计常规水电投产规模为 1400 万～1600 万 kW。

"十四五"期间科学有序推进大型水电基地建设和水风光综合开发

"十四五"期间，继续强化安全管理，做好在建的金沙江乌东德、白鹤滩、拉哇，大渡河双江口、雅砻江两河口等水电站建设、投产工作，并力争实现金沙江岗托、龙盘等一批战略骨干项目核准开工，科学有序推进金沙江等大型水电基地建设，建设雅鲁藏布江下游水电基地。同时，依托金沙江、雅砻江、大渡河、乌江和红水河等主要流域水电基地统筹推进水风光综合能源开发。到 2025 年，预计全国常规水电装机规模可以达到 3.8 亿 kW 左右。"十四五"期间，经初步分析，常规水电预计还可新增开工 6000 万～8000 万 kW。

做好新形势下水电开发顶层设计

充分认识到水电发展面临的外部约束收紧等挑战，把握"碳达峰、碳中和"带来的发展机遇，做好新形势下水电开发顶层设计。在水力资源富集的西南地区，有序推进水电开发，充分考虑生态红线、跨界河流、经济性等因素以及国家发展战略和国计民生需要，拟定开发建设水电站。在还有一定潜力的西北地区，统筹考虑生态环境要求和新能源基地发展规划，实施水电开发。对于常规水电已经基本开发完成的东中部地区，根据风电、太阳能等新能源开发布局，结合水电自身的条件，通过水电机组改造升级等进行深度开发，适当增加水电装机容量，提高电力系统灵活性，实现多能互补。

继续做好水电运行管理工作

针对大渡河等弃水问题严重的流域，进一步完善提升流域水电综合监测平台智能化建设，整合水电运行、调度数据，动态监测管理水电运行。同时加强多方统筹规划，尽早安排落实，通过提升送出通道输送能力、疏通网架约束等措施，解决大渡河等重点流域弃水问题。

随着经济社会高质量发展，水电行业应急管理体系和能力现代化建设日益得到重视，应统筹协调国家、行业、地方、企业等各方，加快建设流域水电安全与应急管理信息平台，打造流域安全与应急管理示范基地。

13.3 抽水蓄能

随着新能源加快发展，抽水蓄能进入高速发展时期

随着构建以新能源为主体的新型电力系统工作推进，抽水蓄能电站发展将迎来重大发展机遇，进入高速发展时期。

高水平完成中长期规划，协调保护站点资源

抽水蓄能站点资源位于水源丰沛的山地或丘陵地带，依据技术规范和政策要求，在选点规划过程中已避让重大环境敏感因素，但在实际推进过程中，依然出现部分站点外部建设条件发生重大变化。随着国土空间、生态环保约束日益增强，已有多个规划站点无法建设实施。

此外，由于目前规划站点相对有限，在国家提出高比例新能源发展的新形势下，系统需求更加难以满足，需要进一步加强站点资源普查工作，推动具备开发条件的站点落地。随着中长期规划工作的开展，将有利于相关规划的衔接协调与站点资源保护，更好发挥规划引领作用，预留发展空间，保障行业持续发展。

完善政策机制与运行监管体系，促进持续健康发展

加强与电力市场建设发展的衔接，逐步推动抽水蓄能电站进入市场，着力提升电价形成机制的科学性、操作性和有效性，充分发挥电价信号作用，调动各方面积极性，为抽水蓄能电站加快发展、充分发挥综合效益创造更加有利的条件。

建立健全监管和考核机制，研究制定抽水蓄能电站运行管理考核办法，制定运行指标考核标准，开展调度运行监测，确保抽水蓄能电站科学调度，高效发挥自身的作用和效益。

13.4 风电

陆上风电就地开发利用与规模化开发外送并举

在中东部地区，主要以就地消纳的形式发展风电，并进一步探索分散式风电发展新模式。在"三北"地区，风电呈现基地化规模化发展趋势，规划布局新疆、黄河上游、河西走廊、黄河几字弯、冀北、松辽等

一批风光电大型新能源基地，利用现有送出通道挖潜或新建通道的方式，将电能输送至中东部地区；在西南地区，规划布局金沙江上游、雅砻江流域、金沙江下游水风光清洁能源基地，发挥水电调节能力，结合水电外送通道和本地区负荷增长情况，合理布局风电、光伏项目，推动水风光联合开发、运行。

海上风电积极有序发展，并呈现"由近及远"趋势

全国近海海上风电已并网项目约占总核准项目的 25%，预计在"十四五"中前期依然是海上风电发展的重点，并有望在"十四五"中后期实现平价发展。在国补退坡的背景下，海上风电产业链各参与方协同创新，共同推进海上风电积极有序发展，并呈现"由近及远、由浅入深"的发展趋势。我国深远海海上风电资源较优、发展空间较大，随着技术进步、产业升级、成本降低，以及近海海域受限于军事、航道、生态等限制性因素影响，深远海海上风电将成为中国中远期海上风电发展重点。

进一步完善风电管理政策

经过十余年的探索实践，全国风电管理政策基本完备，建议结合风电行业发展新趋势，进一步完善有关管理政策。一是出台老旧风电机组技改、置换与退役管理政策。早期建设、效率不高的风电机组逐渐达到使用年限，建议遵循政府引导、企业自愿原则，鼓励企业通过技改、置换、退役等方式，鼓励开展试点，并在总结试点经验基础上，国家出台政策支持和促进风电产业升级和效率提升。二是研究制定深远海海上风电开发建设管理办法。深远海建设条件相对复杂，行业管理经验相对欠缺，建议及早研究制定深远海海上风电开发建设管理办法，规范和指导深远海海上风电项目前期工作开展和示范项目建设，为深远海海上风电规模化发展夯实基础。

加快推进风电创新融合发展模式

目前风力发电发展模式相对单一，建议推进风电创新融合发展，不断拓展风电发展空间。一是结合乡村振兴战略，落实"千乡万村驭风计划"，推动风电成为惠民工程。二是加快风电制氢、储氢等相关技术研究，推动"风电＋氢能"的融合发展。三是结合在建海上风电项目开展试点示范，加强能源投资企业与海洋养殖企业的合作，因地制宜地开

展海上风电与海洋养殖技术的联合研发，探索"海上风电＋海洋牧场"融合发展模式。

积极推进技术创新

结合目前中国风电产业发展形势与面临挑战，建议多方面加快推动风电技术创新进步。一是推动陆上大容量、高效率、高可靠性的风电机组技术研发，突破主轴承、控制系统等核心"卡脖子"技术的本地化，提高资源利用效率，进一步降低风电成本。二是推动漂浮式基础、长距离大容量柔性直流输电、海上"能源岛"等技术的研发，促进海上风电降本增效，为深远海海上风电规模化发展打好基础。

13.5
太阳能发电

优化布局，推动光伏发电快速发展

在太阳能资源禀赋较好、开发建设条件优越的地区，着力提升就地消纳和外送能力，推进光伏发电规模化发展，持续推进光伏发电技术进步、产业升级和成本下降。在中东南部地区，推进分布式光伏开发，重点开展屋顶光伏行动，拓展光伏发电应用空间与开发潜力，结合乡村振兴战略，建设一批光伏新村。推动光伏发电与交通、新基建设施的多元融合发展。

光伏发电技术持续进步

晶体硅电池在一定时间内仍占据市场主导地位，并以 PERC 技术为主流。随着生产设备、N 型硅片、组件集成技术成熟度提高与成本下降，TOPCon 与异质结等 N 型电池技术市场占比将逐步提高。随着市场对大尺寸、高功率产品的接受和认可，叠加老旧产线的技术改造、新产线产能的释放以及光伏玻璃、背板、胶膜产能的加速配套，大尺寸、高功率产品将加快发展。

光伏产业链供应链注重增强韧性

对供应链的把控能力将决定企业的产出和营收，也成为企业竞争制胜的关键，光伏制造企业将进一步重视供应链的管理工作。龙头企业将进一步加强布局，采用多晶硅料和硅片、硅片和电池片、组件和光伏玻璃等上下游企业锁定长期订单的方式，或采取垂直整合等方式，加强供应链的把控能力，提高企业应对市场波动的韧性。

推进太阳能热发电与其他新能源融合发展

推进关键核心技术攻关，推动太阳能热发电成本明显下降，提高太阳能热发电经济性。 发挥太阳能热发电储能调节能力和系统支撑能力，积极创新"光热＋光伏""光热＋风电"等融合开发新模式，促进光热发电规模化发展，提升新能源发电的稳定性和可靠性。

健全光伏发电体制机制，促进光伏行业持续健康发展

进一步完善光伏发电项目开发建设管理办法，建立以市场化竞争配置为主、竞争配置和市场自主相结合的项目开发管理机制。 健全电力消纳保障机制，以电力消纳责任权重引导光伏发电快速发展，以多元并网消纳机制保障光伏发电高效利用。 逐步完善光伏发电参与电力市场交易规则，做好保障性收购与市场化交易的衔接，逐步扩大参与市场化交易比重；健全分布式光伏发电市场化交易机制。

13.6
生物质能

生物质非电利用持续增长

生物质能多元化开发利用重点将转向供热、供气等非电利用形式，通过产业发展示范和政策支持，预计到 2025 年生物天然气产能将达到每年 10 亿 m³，生物质成型燃料消费总量达到 3000 万 t，生物质热电联产、集中供热、户用炉具采暖等清洁供热达到 10 亿 GJ。

生物质能分布式发展将促进农村生态文明建设、助力乡村振兴

生物质能具备分布式发展特点，是全国农村地区能源利用的重要方式，是构建农村生态文明、助力乡村振兴的重要抓手。 沼气发电、生物天然气和生物质成型燃料锅炉供热等工程分布式利用特点显著，可推进农村地区生物质资源就地收集、转换和利用，促进全国农村地区散煤消费替代，融合农业与能源生产发展，助力乡村振兴。

加强生物质能资源调查

生物质能经过多年发展，取得良好成绩，但对生物质总量资源的调查相对缺少，且资源可利用量在不断变化，应加强对生物质能可能源化利用总量进行评估，建立逐年上报、统计、调整的动态管理机制，形成

一套稳定的调查评价体系，为行业持续健康发展提供基础数据支持。

13.7 地热能

城镇化发展将促进浅层地热能开发利用

城镇供暖将是今后浅层地热能开发利用的重要领域。 随着城镇化进程的发展，新增供暖建筑面积将有效促进浅层地热能的开发利用。 预计到 2025 年，浅层地热供暖（制冷）面积将达到 10.95 亿 m^2。

长江中下游地区将成为浅层地热能开发建设的重点区域

浅层地热能具有冷热双供优势，因地制宜，通过地源热泵技术实现浅层地热能开发利用，可满足夏热冬冷地区建筑供暖制冷、生活热水的多重需求，长江中下游地区成为中国浅层地热能开发建设的重点区域。 南京江北新区江水源热泵供热制冷项目、重庆江北城 CBD 区域江水源热泵集中供冷供热项目等典型工程，供暖制冷面积达到百万至千万平方米规模，支撑区域能源清洁低碳、高效、可持续发展。

推进地热产业产学研用融合发展

开展地热能关键前沿核心技术攻关，推动地热能核心技术和高端装备制造产业发展，推进地热领域产学研用深度融合，建立地热能产学研用协同创新体系。

建立健全地热产业政策体系

借鉴国际地热先进国家经验，从税收、信贷、融资、上网电价等方面给予地热产业支持，吸引多元投资进入地热能开发领域，总结实践经验，形成具有中国特色、政策性与激励性相结合、符合市场需求的地热产业政策体系。

13.8 新型储能

新型储能将由商业化初期进入规模化发展阶段

中国"碳达峰、碳中和"目标实现有赖于风电、光伏发电持续大规模增长，但风能、太阳能资源不可控，风电、光伏发电随机性、波动性明显，新能源高比例消纳需要快速增加电力系统调峰、调频、备用等灵活性资源。 新型储能具有选址灵活、建设周期短、响应速度快等优点，且技术加速进步、经济性快速提升，将在构建以风电、光伏发电为主体的新型电力系统中迎来新的发展机遇。"十四五"期间，预计全国新增新型储能装机 3000 万 kW 左右，进入规模化发展新阶段。

以需求为导向，新型储能技术将持续多元化发展

"十四五"期间，锂离子电池等相对成熟的新型储能技术安全性快速提升，成本持续下降，应用规模快速扩大；压缩空气、液流电池等长时储能技术进入商业化发展初期；飞轮储能、钠离子电池等技术开展规模化试验示范。 同时，以需求为导向，新型储能技术在高安全、长寿命、高效率、低成本、大规模和环境友好方向不断突破，新型储能应用模块化、标准化、智能化等技术得以快速发展。

加快完善标准，健全机制，促进新型储能健康可持续发展

完善储能标准体系建设的顶层设计，开展不同应用场景储能标准制修订，建立健全储能全产业链技术标准体系，完善新型储能检测和认证体系，为新型储能安全问题提供标准支撑。 明确新型储能独立市场主体地位，研究建立储能参与中长期交易、现货和辅助服务等各类电力市场的准入条件、交易机制和技术标准，加快推动储能进入并允许同时参与各类电力市场，充分发挥新型储能的功能多样性，创造更大发展空间。

13.9 氢能

绿氢将支持可再生能源融合发展

可再生能源制氢（绿氢）一方面可增加可再生能源消纳，提高可再生能源在能源消费中的比重；另一方面，将不稳定、波动大的可再生能源转化为稳定、可长周期存储的氢能，减少对电力系统波动影响，提高对电力系统的适应性，助力以新能源为主体的新型电力系统构建。 随着政策支持和产业进步，绿氢将迎来较好发展前景。

完善可再生能源制氢产业体系

以完善可再生能源制氢、储运、应用产业链为目标，"十四五"期间建立健全产业配套政策，推动可再生能源制氢项目示范推广，构建装备研发制造、系统优化集成、设计、建设、运营等全环节标准体系，规范和指导产业发展。 进一步降低建设、运营成本，拓展氢能在冶金、化工、建筑等领域的实际应用，促进产业规模化发展。

加强氢能关键技术研究

加大研发力度，重点发力氢能制、储、运、加、用各环节的关键技术研究。突破制氢电解槽、高压储氢装置、隔膜压缩机、燃料电池等装备关键材料、主要零部件的技术瓶颈，加快实现氢能关键技术自主化、产业化。

声　　明

　　本报告内容未经许可，任何单位和个人不得以任何形式复制、转载。

　　本报告相关内容、数据及观点仅供参考，不构成投资等决策依据，水电水利规划设计总院不对因使用本报告内容导致的损失承担任何责任。

　　如无特别注明，本报告各项中国统计数据不包含香港特别行政区、澳门特别行政区和台湾省的数据。部分数据因四舍五入的原因，存在总计与分项合计不等的情况。

　　本报告部分数据及图片引自国际可再生能源署（International Renewable Energy Agency）、世界水电协会（International Hydropower Association）、国家统计局、国家能源局、中国电力企业联合会等单位发布的数据，以及 Renewable Capacity Statistics 2020、中华人民共和国 2020 年国民经济和社会发展统计公报、2020 年全国电力工业统计快报、中国电力行业年度发展报告 2020、中国风能太阳能资源年景公报 2020、储能产业研究白皮书 2021 等统计数据报告，在此一并致谢！